# 工业机器人离线编程与仿真

韩鸿鸾　张云强　主编

化学工业出版社

·北京·

图书在版编目（CIP）数据

工业机器人离线编程与仿真/韩鸿鸾，张云强主编．
北京：化学工业出版社，2018.1（2024.2重印）
ISBN 978-7-122-30917-4

Ⅰ.①工… Ⅱ.①韩… ②张… Ⅲ.①工业机器人-程序设计②工业机器人-计算机仿真 Ⅳ.①TP242.2

中国版本图书馆CIP数据核字（2017）第267712号

责任编辑：王　烨　　　　　　　　　　　　文字编辑：陈　喆
责任校对：宋　夏　　　　　　　　　　　　装帧设计：刘丽华

出版发行：化学工业出版社（北京市东城区青年湖南街13号　邮政编码100011）
印　　装：北京天宇星印刷厂
787mm×1092mm　1/16　印张13　字数350千字　2024年2月北京第1版第7次印刷

购书咨询：010-64518888（传真：010-64519686）　售后服务：010-64518899
网　　址：http://www.cip.com.cn
凡购买本书，如有缺损质量问题，本社销售中心负责调换。

定　价：59.00元　　　　　　　　　　　　　　　　　　　　　　　　　　版权所有　违者必究

# 前言
FOREWORD

近年来，我国机器人行业在国家政策的支持下，顺势而为，发展迅速，保持着35%的高增长率，远高于德国的9%、韩国的8%和日本的6%。我国已连续两年成为世界第一大工业机器人市场。

我国工业机器人市场之所以能有如此迅速的增长，主要源于以下三点。

（1）劳动力的供需矛盾。主要体现在劳动力成本的上升和劳动力供给的下降。在很多产业，尤其在中低端工业产业，劳动力的供需矛盾非常突出，这对实施"机器换人"计划提出了迫切需求。

（2）企业转型升级的迫切需求。随着全球制造业转移的持续深入，先进制造业回流，我国的低端制造业面临产业转移的风险，迫切需要转变传统的制造模式，降低企业运行成本，提升企业发展效率，提升工厂的自动化、智能化程度。而工业机器人的大量应用，是提升企业产能和产品质量的重要手段。

（3）国家战略需求。工业机器人作为高端制造装备的重要组成部分，技术附加值高，应用范围广，是我国先进制造业的重要支撑技术和信息化社会的重要生产装备，对工业生产、社会发展以及增强军事国防实力都具有十分重要的意义。

随着机器人技术及智能化水平的提高，工业机器人已在众多领域得到了广泛的应用。其中，汽车、电子产品、冶金、化工、塑料、橡胶是我国使用机器人最多的几个行业。未来几年，随着行业需要和劳动力成本的不断提高，我国机器人市场增长潜力巨大。尽管我国将成为当今世界最大的机器人市场，但每万名制造业工人拥有的机器人数量却远低于发达国家水平和国际平均水平。工信部组织制订了我国机器人技术路线图及机器人产业"十三五"规划，到2020年，工业机器人密度达到每万名员工使用100台以上。我国工业机器人市场将高倍速增长，未来十年，工业机器人是看不到"天花板"的行业。

虽然多种因素推动着我国工业机器人行业不断发展，但应用人才严重缺失的问题清晰地摆在我们面前，这是我国推行工业机器人技术的最大瓶颈。中国机械工业联合会的统计数据表明，我国当前机器人应用人才缺口20万，并且以每年20%~30%的速度持续递增。

工业机器人作为一种高科技集成装备，对专业人才有着多层次的需求，主要分为研发工程师、系统设计与应用工程师、调试工程师和操作及维护人员四个层次。其中，需求量最大的是基础的操作及维护人员以及掌握基本工业机器人应用技术的调试工程师和更高层次的应用工程师，工业机器人专业人才的培养，要更加着力于应用型人才的培养。

为了适应机器人行业发展的形势，满足从业人员学习机器人技术相关知识的需求，我们从生产实际出发，组织业内专家编写了本书，全面讲解了工业机器人编程的基础、构建基本仿真工业机器人工作站、仿真软件RobotStudio中的建模功能、机器人离线轨迹编辑、RobotArt离线编程软件的基本操作与工作站系统的构建、离线编程的应用等内容，以期给从业人员和大学院校相关专业师生提供实用性指导与帮助。

本书由韩鸿鸾、张云强主编，陶建海、王小方、李永杉副主编，阮洪涛、刘曙光、马灵芝、范维进、刘兵、程宝鑫、彭红学、张艳红、马岩、姜海军、张瑞社、张青、宁爽、董海萍、咸建爱、胡春蕾参加了本书的编写。在本书编写过程中得到了山东省、河南省、河北省、江苏省、上海市等技能鉴定部门的大力支持，此外，青岛利博尔电子有限公司、青岛时代焊接设备有限公司、山东鲁南机床有限公司、山东山推工程机械有限公司、西安乐博士机器人有限公司、诺博泰智能科技有限公司等企业为本书的编写提供了大量帮助，在此深表谢意。

在本书编写过程中，参考了《工业机器人装调维修工》《工业机器人操作调整工》职业技能标准的要求，以备读者考取技能等级；同时还借鉴了全国及多省工业机器人大赛的相关要求，为读者参加相应的大赛提供参考。

由于水平所限，书中不足之处在所难免，恳请广大读者给予批评指正。

编　者

# 目录

## 第1章 工业机器人编程的基础 / 1

### 1.1 机器人编程 ································································ 1
1.1.1 机器人编程系统及方式 ················································ 1
1.1.2 对机器人的编程要求 ··················································· 3
1.1.3 机器人编程语言的类型 ················································ 8
1.1.4 动作级语言 ····························································· 12
1.1.5 对象级语言 ····························································· 12

### 1.2 工业机器人的离线编程技术 ············································· 13
1.2.1 离线编程及其特点 ···················································· 13
1.2.2 离线编程系统的软件架构 ············································ 15
1.2.3 离线编程的基本步骤 ················································· 17

## 第2章 构建基本仿真工业机器人工作站 / 25

### 2.1 布局工业机器人基本工作站 ············································· 25
2.1.1 工业机器人工作站的建立 ············································ 25
2.1.2 加载物件 ································································ 37
2.1.3 保存机器人基本工作站 ·············································· 40

### 2.2 建立工业机器人系统与手动操作 ········································ 41
2.2.1 建立工业机器人系统操作 ············································ 41
2.2.2 机器人的位置移动 ···················································· 45
2.2.3 工业机器人的手动操作 ·············································· 46
2.2.4 回机械原点 ····························································· 51

### 2.3 创建工业机器人工件坐标系与轨迹程序 ································ 51
2.3.1 建立工业机器人工件坐标 ············································ 51
2.3.2 创建工业机器人运动轨迹程序 ······································ 54

### 2.4 机器人仿真运行 ··························································· 59
2.4.1 仿真运行机器人轨迹 ················································· 59
2.4.2 机器人的仿真制成视频 ·············································· 62

## 第3章 仿真软件 RobotStudio 中的建模功能 / 65

### 3.1 建模功能的使用 ··························································· 65
3.1.1 RobotStudio 建模 ···················································· 65
3.1.2 对 3D 模型进行相关设置 ············································· 65

## 3.2 测量工具的使用 ......... 69
### 3.2.1 测量矩形体的边长 ......... 69
### 3.2.2 测量锥体的角度 ......... 71
### 3.2.3 测量圆柱体的直径 ......... 73
### 3.2.4 测量两个物体间的最短距离 ......... 74
## 3.3 创建机器人用工具 ......... 76
### 3.3.1 设定工具的本地末端点 ......... 76
### 3.3.2 创建工具坐标系框架 ......... 84
### 3.3.3 创建工具 ......... 87

# 第4章 机器人离线轨迹编辑 / 91

## 4.1 创建机器人离线轨迹曲线及路径 ......... 91
### 4.1.1 RobotStudio 离线编程软件的自动路径功能实现步骤 ......... 91
### 4.1.2 RobotArt 离线编程软件的自动路径功能实现步骤 ......... 96
## 4.2 机器人目标点调整及轴配置参数 ......... 103
### 4.2.1 RobotStudio 离线编程软件的轨迹调整 ......... 103
### 4.2.2 RobotArt 离线编程软件的轨迹调整 ......... 114

# 第5章 RobotArt 离线编程软件的基本操作与工作站系统的构建/120

## 5.1 离线编程软件开发环境介绍 ......... 120
### 5.1.1 RobotArt 离线编程软件界面 ......... 120
### 5.1.2 RobotArt 软件界面各部分详细介绍 ......... 120
### 5.1.3 三维球仿真软件基本操作 ......... 126
### 5.1.4 机器人 TCP 校准方式 ......... 133
## 5.2 工业机器人工作站系统构建 ......... 136
### 5.2.1 准备机器人 ......... 136
### 5.2.2 准备工具 ......... 139
### 5.2.3 准备工件 ......... 147
## 5.3 工业机器人系统工作轨迹生成 ......... 150
### 5.3.1 导入轨迹 ......... 150
### 5.3.2 生成轨迹 ......... 150
### 5.3.3 轨迹选项 ......... 157
### 5.3.4 轨迹操作命令 ......... 158
### 5.3.5 轨迹调整 ......... 160
### 5.3.6 合并前一个轨迹 ......... 163
### 5.3.7 轨迹点操作命令 ......... 166

# 第6章 离线编程的应用 / 172

## 6.1 激光切割 ......... 172
### 6.1.1 环境搭建 ......... 172
### 6.1.2 轨迹设计 ......... 174
### 6.1.3 仿真 ......... 181

|    | 6.1.4 | 后置 ………………………………………………………… 181 |
| -- | ----- | --- |
| 6.2 | 去毛刺 | …………………………………………………………………… 182 |
|    | 6.2.1 | 环境搭建 ……………………………………………………… 182 |
|    | 6.2.2 | 轨迹设计 ……………………………………………………… 185 |
|    | 6.2.3 | 仿真 …………………………………………………………… 193 |
|    | 6.2.4 | 后置 …………………………………………………………… 193 |

**附录　工业机器人词汇 / 194**

**参考文献 / 199**

# 第1章
# 工业机器人编程的基础

## 1.1 机器人编程

### 1.1.1 机器人编程系统及方式

机器人编程（robot programming）为使机器人完成某种任务而设置的动作顺序的描述。机器人运动和作业的指令都是由程序进行控制的，常见的编程方法有两种：示教编程（图 1-1 为 ABB 工业机器人的示教器）和离线编程（图 1-2 为离线编程开始界面）。

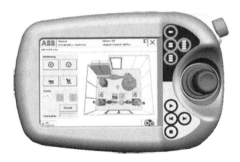

图 1-1　ABB 工业机器人的示教器

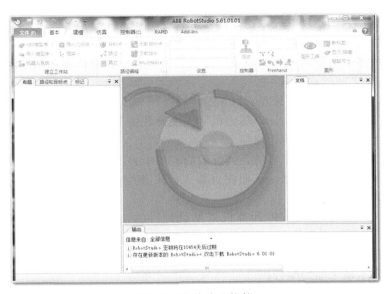

图 1-2　离线编程软件

(1) 示教编程

目前大多数机器人还是采用示教方式编程。示教方式是一项成熟的技术，易于被熟悉工作任务的人员所掌握，而且用简单的设备和控制装置即可进行。示教过程进行得很快，示教过后马上即可应用。在对机器人进行示教时，将机器人的轨迹和各种操作存入其控制系统的存储器。如果需要，过程还可以重复多次。在某些系统中，还可以用与示教时不同的速度再现。

① 示教编程法分为三个步骤：

a. 示教。即机器人学习的过程，在这个过程中，操作者要手把手教会机器人做某些动作。

b. 存储。机器人的控制系统以程序的形式将示教的动作记忆下来。

c. 再现。机器人按照示教时记忆下来的程序展现这些动作，就是"再现"过程。

② 示教编程可分为在线示教方式和离线示教方式。

a. 在线示教。即在现场直接对操作对象进行的一种编程方法，常用的有：人工引导示教，由有经验的操作人员移动机器人的末端执行器，计算机记忆各自由度的运动过程；辅助装置示教，对一些人工难以牵动的机器人，例如一些大功率或高减速比机器人，可以用特别的辅助装置帮助示教。也可以用示教盒进行示教，为了方便现场示教，一般工业机器人都配有示教盒，它相当于键盘，有回零、示教方式、数字、输入、编辑、启动、停止等键。

b. 离线示教。由于离线示教不便于现场操作，而且工作量大、精度低，故不建议采用。离线示教方法包括：解析示教，将计算机辅助设计的数据直接用于示教，并利用传感技术进行必要的修正；任务示教，指定任务以及操作对象的位置、形状，由控制系统自动规划运动路径。任务示教是一种发展方向，具有较高的智能水平，目前仍处于研究中。

目前，相当数量的机器人仍采用示教编程方式。机器人示教后可以立即应用，再现时，机器人重复示教时存入存储器的轨迹和各种操作，如果需要，过程可以重复多次。

示教编程法的优点是简单方便，不需要环境模型，对实际的机器人进行示教时，可以修正机械结构带来的误差。当然，示教编程法也存在一定的缺陷，比如功能编辑比较困难，难以使用传感器，难以表现条件分支，对实际的机器人进行示教时，要占用机器人。

(2) 离线编程法

机器人离线编程系统都是利用计算机图形学的成果，建立起机器人及工作环境的几何模型，再利用一些规划算法，通过对图形的控制和操作，在离线的情况下进行轨迹的规划，通过对编程结果进行三维图形的动画仿真，以检验编程的正确性，最后将生成的代码传给机器人控制系统，以控制机器人的运动，完成给定的任务。

机器人的离线编程系统是已被证明的一个有力的工具，可以增加安全性，减少机器人不工作的时间和降低成本。机器人离线编程系统是机器人编程语言的拓展，通过该系统可以建立机器人和CAD/CAM之间的联系。

离线编程有以下几个方面的优点：

① 编程时可以不使用机器人，以腾出机器人去做其他工作。

② 可预先优化操作方案和运行周期。

③ 以前完成的过程或子程序可结合到待编的程序中去。

④ 可用传感器探测外部信息，从而使机器人作出相应的响应。这种响应使机器人可以工作在自适应的方式下。

⑤ 控制功能中可以包含现有的计算机辅助设计（CAD）和计算机辅助制造（CAM）的信息。

⑥ 可以预先运行程序来模拟实际运动，从而不会出现危险。利用图形仿真技术，可以在屏幕上模拟机器人运动来辅助编程。

⑦ 对不同的工作目的，只需替换一部分待定的程序。

机器人离线编程技术对机器人的推广应用及其工作效率的提升有着重要意义，离线编程可以大幅度节约制造时间，实现机器人的实时仿真，为机器人的编程和调试提供安全灵活的环境，是机器人开发应用的方向。

### 1.1.2 对机器人的编程要求

机器人编程系统是机器人编程语言的拓展，通过该系统可以建立机器人和 CAD/CAM 之间的联系。

（1）设计一个编程系统应具备的知识

① 所编程的工作过程的知识；

② 机器人和工作环境三维实体模型；

③ 机器人几何学、运动学和动力学的知识；

④ 基于图形显示的软件系统、可进行机器人运动的图形仿真；

⑤ 轨迹规划和检查算法，如检查机器人关节角超限、检测碰撞以及规划机器人在工作空间的运动轨迹等；

⑥ 传感器的接口和仿真，以利用传感器的信息进行决策和规划；

⑦ 通信功能，以完成离线编程系统所生成的运动代码到各种机器人控制柜的通信；

⑧ 用户接口，以提供有效的人机界面，便于人工干预和进行系统的操作。

此外，由于编程系统是基于机器人系统的图形模型来模拟机器人在实际环境中的工作进行编程的，因此为了使编程结果能很好地符合实际情况，系统应能够计算仿真模型和实际模型之间的误差，并尽量减少二者间的误差。

（2）对机器人语言的编程要求

① 能够建立世界模型　在进行机器人编程时，需要一种描述物体在三维空间内运动的方式。所以需要给机器人及其相关物体建立一个基础坐标系。这个坐标系与大地相连，也称"世界坐标系"。

机器人工作时，为了方便起见，也建立其他坐标系，同时建立这些坐标系与基础坐标系的变换关系。

机器人编程系统应具有在各种坐标系下描述物体位姿的能力和建模能力。

② 能够描述机器人的作业　机器人作业的描述与其环境模型密切相关，编程语言水平决定了描述水平。其中以自然语言输入为最高水平。现有的机器人语言需要给出作业顺序，由语法和词法定义输入语言，并由它描述整个作业。

③ 能够描述机器人的运动　描述机器人需要进行的运动是机器人编程语言的基本功能之一。用户能够运用语言中的运动语句，与路径规划器和发生器连接，允许用户规定路径上的点及目标点，决定是否采用点插补运动或笛卡儿直线运动。用户还可以控制运动速度或运动持续时间。

对于简单的运动语句，大多数编程语言具有相似的语法。不同语言间在主要运动基元上的差别是比较表面的。

④ 允许用户规定执行流程　同一般的计算机编程语言一样，机器人编程系统允许用户规定执行流程，包括转移、循环、调用子程序以及中断等。

对于许多计算机应用，并行处理对于自动工作站是十分重要的。首先，一个工作站常常运用两台或多台机器人同时工作，以减少过程周期。在单台机器人的情况下，工作站的其他设备也需要机器人控制器以并行方式控制。因此，在机器人编程语言中常常含有信号和等待等基本语句或指令，而且往往提供比较复杂的并行执行结构。

通常首先需要用某种传感器来监控不同的过程。然后,通过中断或登记通信,机器人系统能够反映由传感器检测到的一些事件。有些机器人语言提供规定这种事件的监控器。

⑤ 要有良好的编程环境 如同任何计算机一样,一个好的编程环境有助于提高程序员的工作效率。机械手的程序编制是困难的,其编程趋向于试探对话式。如果用户忙于应付连续重复的编译语言的编辑→编译→执行循环,那么其工作效率必然是低的。因此,现在大多数机器人编程语言含有中断功能,以便能够在程序开发和调试过程中每次只执行一条单独语句。典型的编程支撑和文件系统也是需要的。

根据机器人编程特点,其支撑软件应具有下列功能:在线修改和立即重新启动;传感器的输出和程序追踪;仿真。

⑥ 需要人机接口和综合传感信号 在编程和作业过程中,应便于人与机器人之间进行信息交换,以便在运动出现故障时能及时处理,确保安全。而且,随着作业环境和作业内容复杂程度的增加,需要有功能强大的人机接口。

机器人语言的一个极其重要的部分是与传感器的相互作用。语言系统应能提供一般的决策结构,以便根据传感器的信息来控制程序的流程。

在机器人编程中,传感器的类型一般分为三类:位置检测;力觉和触觉;视觉。如何对传感器的信息进行综合,各种机器人语言都有自己的句法。

(3) 常用编程指令简介

对编程语言的掌握也是实现机器人编程的基本要求,下面介绍几种常见的机器人编程指令。

① 运动指令。

a. 指令介绍。移动指令包含三条:MOVJ、MOVL、MOVC。

MOVJ:关节移动指令,即在运动过程中以关节的方式运动。

指令格式:`MOVJ ▼ LP ▼ 0 VJ= 30 % PL= 2`

MOVJ 代表指令;LP 表示局部变量;0 表示标号,用于区别使用;VJ 表示速度,最大速度为 100%;PL 为平滑度,范围 0~9。

MOVL:直线运动指令,即在运动过程中以直线的方式运动。

指令格式:`MOVL ▼ LP ▼ 1 VL= 500 MM/S PL= 2`

MOVL 代表指令;LP 表示局部变量;1 表示标号,用于区别使用;VL 表示速度,最大速度为 1999;PL 为平滑度,范围 0~9。

MOVC:圆弧运动指令,即在运动过程中以圆弧的方式运动。

指令格式:`MOVC ▼ LP ▼ 2 VL= 500 MM/S PL= 2`

MOVC 代表指令;LP 表示局部变量;2 表示标号,用于区别使用;VL 表示速度,最大速度为 1999;PL 为平滑度,范围 0~9。一段圆弧轨迹必须是由三段圆弧指令实现的,三段圆弧指令分别定义了圆弧的起始点、中间点、结束点。

b. 说明。

局部变量(LP):在某个程序中所使用的变量和其他程序中的相同变量不冲突。例如在程序一中使用了 LP0,也可以在程序二中使用 LP0,这样是不会产生矛盾的。

全局变量(GP):在此系统中我们还设置了全局变量,意思是如果在一个程序中使用了 GP0,而后就不可以在其他的程序中使用 GP0 了,否则程序会出现混乱现象,系统将会默认将第二次设定的值覆盖第一次设定的值。

平滑度(PL):简单地说就是过渡的弧度,确定是以直角方式过渡还是以圆弧方式过渡。假如两条直线要连接起来,怎么连接,就需要对此变量进行设置。

② 逻辑指令。

WAIT 指令：条件等待指令。

指令格式：`WAIT X ▼ 0 == ON ▼ T= 0`

说明：当所设定的条件满足时，则程序往下执行；当所设定的条件不满足时，则程序一直停在这里，直到满足所设定的条件为止。但是，后面还有一个时间的设定，当条件不满足时，在等待后面的设定时间之后，会继续执行下面的程序。

JUMP 指令：跳转指令，包含无条件跳转指令和条件跳转指令两种类型。

格式一：`JUMP *　　　▼` 无条件跳转指令。

格式二：`JUMP *　　 IF▼ X▼ 0 ==▼ ON▼` 条件跳转指令。

说明：在使用此条指令时，要配合使用标号指令。标号就是所要将程序跳转到的位置，后面不加条件，只要程序执行到此行，则直接跳到标号所处的位置；后面有条件，当程序执行到该行指令时，程序不一定跳转，只有当后面的条件满足时，程序才跳转到标号所处的位置。

CALL 指令：子程序调用指令，包含有条件调用和无条件调用两种类型。

格式一：`CALL %　　　　　▼` 无条件调用指令。

格式二：`CALL %　　 IF▼ X▼ 0 ==▼ ON▼` 条件调用指令。

子程序的建立：子程序的建立和主程序的建立唯一的区别就是在编写完所有的程序之后，在程序的末尾加上 RET 指令。

说明：%就是所要调用的程序。后面不加条件，只要程序执行到此行，则直接调用该子程序；后面有条件，当程序执行到该行时，程序不一定调用该子程序，只有当后面的条件满足时，程序才调用该子程序。

TIME 指令：延时指令，以 10ms 为单位。

指令格式：`TIME T= 0`

例：延时 10s。

`TIME T= 1000`

DOUT 指令：数字量输出。

指令格式：`DOUT Y▼ 0 = ON`

说明：数字量只有两种形式，因此在使用该指令时只有两种状态，即"ON"和"OFF"两种状态。

AOUT 指令：模拟量输出。

指令格式：`AOUT AO# 0 = 0.000`

例：使 A0≠0 的输出为 2.500。

`AOUT AO# 0 = 2.500`

PAUSE 指令：停止指令，包括无条件停止和有条件停止指令。

格式一：`PAUSE　　▼` 无条件停止。

格式二：`PAUSE IF▼ X▼ 0 ==▼ ON▼` 有条件停止。

说明：PAUSE 指令后就是所要调用的程序。后面不加条件，只要程序执行到此行，则程序立刻停止；后面有条件，当程序执行到该行时，程序不一定停止，只有当后面的条件满足时，程序才停止。

③ 运算指令。

ADD 指令：加法运算指令。

指令格式：`ADD ▼ | TC ▼ | 0 | TC ▼ | 1`

说明：执行加法指令时，将前一个变量和后一个变量相加，可以进行的加法指令有：GI、LI、GD、LD、GP、LP、TC、CC 指令。

SUB 指令：减法运算指令。

指令格式：`SUB ▼ | GI ▼ | 0 | GI ▼ | 1`

说明：执行减法指令时，将前一个变量和后一个变量相减，可以进行的减法指令有：GI、LI、GD、LD、GP、LP、TC、CC 指令。

MUL 指令：乘法运算指令。

指令格式：`MUL ▼ | LI ▼ | 0 | LI ▼ | 1`

说明：执行乘法指令时，将前一个变量和后一个变量相乘，可以进行的乘法指令有：GI、LI、GD、LD、GP、LP、TC、CC 指令。

DIV 指令：除法运算指令。

指令格式：`DIV ▼ | GD ▼ | 0 | LI ▼ | 0`

说明：执行除法指令时，将前一个变量除以后一个变量，可以进行的除法指令有：GI、LI、GD、LD、GP、LP、TC、CC 指令。

INC 指令：加 1 运算指令。

指令格式：`INC ▼ | GD ▼ | 0`

说明：执行加 1 指令时，将指令后的变量进行加 1，可以进行的加 1 指令有：GI、LI、GD、LD、GP、LP、TC、CC 指令。

DEC 指令：减 1 运算指令。

指令格式：`DEC ▼ | CC ▼ | 0`

说明：执行减 1 指令时，将指令后的变量进行减 1，可以进行的减 1 指令有：GI、LI、GD、LD、GP、LP、TC、CC 指令。

SET 指令：置位指令。

指令格式：`SET ▼ | TC ▼ | 0 | D ▼ | 10.0`

说明：执行置位指令时，将后一个变量的值赋给前一个变量，可以进行的置位指令有：GI、LI、GD、LD、GP、LP、TC、CC 指令。

④ IF 指令：条件判断指令。

IF…END IF 指令

指令格式：`IF | T ▼ | 0 | == ▼ | ON ▼`

说明：判断条件里面的内容是否满足，若条件满足，则执行下面的程序；若条件不满足，则程序不执行 IF…END IF 所包含的内容。若有多个条件进行判断，可以采用 IF…ELSE IF…ELSE…END IF。

例：假如满足条件 X0＝ON，就执行 TC#(0) 加 1，若满足条件 X0＝OFF，就执行 TC#(0) 减 1，若两个条件都不满足，则将 TC#(0) 里面的值自加。

程序如下：

```
        IF    X0 == ON
              INC   TC#(0)
        ELSE IF    X0 == OFF
              DEC   TC#(0)
        ELSE
```

```
          ADD   TC#(0)   TC#(0)
       END   IF
```

⑤ WHILE 指令：循环指令。

指令格式：`WHILE` `TC` `0` `==` `D` `10.0` 条件开始。

`ENDWHILE` 条件结束。

说明：当 WHILE 后的条件满足要求时，即条件为 ON 时，执行 WHILE 里面的程序，直到 WHILE 条件后的指令不满足要求，则退出该循环。

例：当 TC#(1)≥20 时，执行 WHILE 里面的程序 [TC#(1) 的初始值为 50]。

程序如下：

```
       SET   TC#(1)   50.000
       WHILE   TC#(1)≥20
{DEC   TC#(1)   程序} 循环体
           DEC   TC#(1)
       END   WHILE
```

在循环体中，一定要对 TC#(1) 进行设置，否则该程序将会成为死程序，即程序始终在这个地方执行。

⑥ SWITCH 指令：条件选择指令。

指令格式：`SWITCH` `TC` `2`

`CASE` `10`

`DEFAULT`

`BREAK`

`ENDSWITCH`

例：SWITCH…END SWITCH 指令的应用。

```
SWITCH     TC#(2)
CASE   10：AOUT   AO#(0)=1.000
CASE   20：AOUT   AO#(0)=2.000
CASE   30：AOUT   AO#(0)=3.000
CASE   40：AOUT   AO#(0)=4.000
CASE   50：AOUT   AO#(0)=5.000
CASE   60：AOUT   AO#(0)=6.000
CASE   70：AOUT   AO#(0)=7.000
CASE   80：AOUT   AO#(0)=8.000
CASE   90：AOUT   AO#(0)=9.000
DEFAULT：AOUT   AO#(0)=10.000
END   SWITCH
```

说明：

当 TC#(2)==10 时，AOUT   AO#(0)=1.000；

当 TC#(2)==20 时，AOUT   AO#(0)=2.000；

当 TC#(2)==30 时，AOUT   AO#(0)=3.000；

当 TC#(2)==40 时，AOUT   AO#(0)=4.000；

当 TC#(2)==50 时，AOUT   AO#(0)=5.000；

当 TC#(2)==60 时，AOUT　AO#(0)=6.000；
当 TC#(2)==70 时，AOUT　AO#(0)=7.000；
当 TC#(2)==80 时，AOUT　AO#(0)=8.000；
当 TC#(2)==90 时，AOUT　AO#(0)=9.000；
其他情况下，AOUT　AO#(0)=10.000。

### 1.1.3　机器人编程语言的类型

伴随着机器人的发展，机器人语言也得到了发展和完善，机器人语言已经成为机器人技术的一个重要组成部分。机器人的功能除了依靠机器人的硬件支撑以外，相当一部分是靠机器人语言来完成的。早期的机器人由于功能单一，动作简单，可采用固定程序或者示教方式来控制机器人的运动。随着机器人作业动作的多样化和作业环境的复杂化，依靠固定的程序或示教方式已经满足不了要求，必须依靠能适应作业和环境随时变化的机器人语言编程来完成机器人工作。

一般用户接触到的语言都是机器人公司自己开发的针对用户的语言平台，通俗易懂，在这一层次，每一个机器人公司都有自己的语法规则和语言形式，这些都不重要，因为这层是给用户示教编程使用的。在这个语言平台之后是一种基于硬件相关的高级语言平台，如 C 语言、C++语言、基于 IEC 61131 标准语言等，这些语言是机器人公司做机器人系统开发时所使用的语言平台，这一层次的语言平台可以编写翻译解释程序，针对用户示教的语言平台编写的程序进行翻译、解释成该层语言所能理解的指令，该层语言平台主要进行运动学和控制方面的编程，再底层就是硬件语言，如基于 Intel 硬件的汇编指令等。

商用机器人公司提供给用户的编程接口一般都是自己开发的简单的示教编程语言系统，如 KUKA、ABB 等，机器人控制系统提供商提供给用户的一般是第二层语言平台，在这一平台层次，控制系统供应商可能提供了机器人运动学算法和核心的多轴联动插补算法，用户可以针对自己设计的产品自由地进行二次开发，该层语言平台具有较好的开放性，但是用户的工作量也相应增加，这一层次的平台主要是针对机器人开发厂商的平台，如欧系一些机器人控制系统供应商就是基于 IEC 61131 标准的编程语言平台。下面来了解一下常见的机器人编程语言。

（1）VAL 语言

VAL 语言是美国 Unimation 公司于 1979 年推出的一种机器人编程语言，主要配置在 PUMA 和 UNIMATION 等型机器人上，是一种专用的动作类描述语言。VAL 语言是在 BASIC 语言的基础上发展起来的，所以与 BASIC 语言的结构很相似。在 VAL 的基础上 Unimation 公司推出了 VAL-Ⅱ语言。VAL 语言可应用于上下两级计算机控制的机器人系统。上位机为 LSI-11/23，编程在上位机中进行，上位机进行系统的管理；下位机为 6503 微处理器，主要控制各关节的实时运动。编程时可以 VAL 语言和 6503 汇编语言混合编程。

VAL 语言命令简单、清晰易懂，描述机器人作业动作及与上位机的通信均较方便，实时功能强；可以在离线和在线两种状态下编程，适用于多种计算机控制的机器人；能够迅速地计算出不同坐标系下复杂运动的连续轨迹，能连续生成机器人的控制信号，可以与操作者交互地在线修改程序和生成程序；VAL 语言包含有一些子程序库，通过调用各种不同的子程序可很快组合成复杂操作控制；能与外部存储器进行快速数据传输以保存程序和数据。VAL 语言系统包括文本编辑、系统命令和编程语言三个部分。在文本编辑状态下可以通过键盘输入文本程序，也可通过示教盒在示教方式下输入程序。在输入过程中可修改、编辑、生成程序，最后保存到存储器中。在此状态下也可以调用已存在的程序。系统命令包括位置定义、程序和数据列表、程序和数据存储、系统状态设置和控制、系统开关控制、系统诊断和修改。编程语言把一条条程序语句转换执行。

为了说明 VAL-Ⅱ 的一些功能，我们通过下面的程序清单来描述其命令语句：

| | |
|---|---|
| PROGRAM TEST | 程序名 |
| SPEED 30 ALWAYS | 设定机器人的速度 |
| height=50 | 设定沿末端执行器 $a$ 轴方向抬起或落下的距离 |
| MOVES p1 | 沿直线运动机器人到点 $p_1$ |
| MOVE p2 | 用关节插补方式运动机器人到第二个点 $p_2$ |
| REACT 1001 | 如果端口 1 的输入信号为高电平（关），则立即停止机器人 |
| BREAK | 当上述动作完成后停止执行 |
| DELAY 2 | 延迟 2s 执行 |
| IF SIG(1001) GOTO 100 | 检测输入端口 1，如果为高电平（关），则转入继续执行第 100 行命令，否则继续执行下一行命令 |
| OPEN | 打开手爪 |
| MOVE p5 | 运动到点 $p_5$ |
| SIGNAL 2 | 打开输出端口 2 |
| APPRO p6, height | 将机器人沿手爪（工具坐标系）的 $a$ 轴移向 $p_6$，直到离开它一段指定距离 height 的地方，这一点叫抬起点 |
| MOVE p6 | 运动到位于 $p_6$ 点的物体 |
| CLOSE | 关闭手爪，并等待直至手爪闭合 |
| DEPART height | 沿工具坐标系向上移动 height 距离 |
| MOVE p1 | 将机器人移到 $p_1$ 点 |
| TYPE "all done" | 在显示器上显示 all done |

（2）SIGLA 语言

SIGLA 是一种仅用于直角坐标式 SIGMA 装配型机器人运动控制时的一种编程语言，是 20 世纪 70 年代后期由意大利 Olivetti 公司研制的一种简单的非文本语言。这种语言主要用于装配任务的控制，它可以把装配任务划分为一些装配子任务，如取旋具、在螺钉上料器上取螺钉 A、搬运螺钉 A、定位螺钉 A、装入螺钉 A、紧固螺钉等。编程时预先编制子程序，然后用子程序调用的方式来完成。

SIGLA 类语言有多个指令字，它的主要特点是为用户提供定义机器人任务的能力在 SIGMA 型机器人上，装配任务常由若干子任务组成，为了完成对子任务的描述及将子任务进行相应的组合，SIGLA 设计了 32 个指令定义字。要求这些指令定义字能够描述各种子任务；将各子任务组合起来成为可执行的任务。

（3）IML 语言

IML 也是一种着眼于末端执行器的动作级语言，由日本九州大学开发而成。IML 语言的特点是编程简单，能人机对话，适合于现场操作，许多复杂动作可由简单的指令来实现，易被操作者掌握。

IML 用直角坐标系描述机器人和目标物的位置和姿态。坐标系分两种，一种是机座坐标系，一种是固连在机器人作业空间上的工作坐标系。语言以指令形式编程，可以表示机器人的工作点、运动轨迹、目标物的位置及姿态等信息，从而可以直接编程。往返作业可不用循环语句描述，示教的轨迹能定义成指令插到语句中，还能完成某些力的施加。

IML 语言的主要指令有运动指令 MOVE、速度指令 SPEED、停止指令 STOP、手指开合指令 OPEN 及 CLOSE、坐标系定义指令 COORD、轨迹定义命令 TRAJ、位置定义命令

HERE、程序控制指令 IF…THEN、FOREACH 语句、CASE 语句及 DEFINE 等。

(4) AML 语言

AML 语言是 IBM 公司为 3P3R 机器人编写的程序。这种机器人带有三个线性关节、三个旋转关节，还有一个手爪。各关节由数字＜1,2,3,4,5,6,7＞表示，1、2、3 表示滑动关节，4、5、6 表示旋转关节，7 表示手爪。描述沿 X、Y、Z 轴运动时，关节也可分别用字母 JX、JY、JZ 表示，相应地 JR、JP、JY 分别表示绕翻转（Roll）、俯仰（Pitch）和偏转（Yaw）轴（用来定向）旋转，而 JG 表示手爪。

在 AML 中允许两种运动形式：MOVE 命令是绝对值，也就是说，机器人沿指定的关节运动到给定的值；DMOVE 命令是相对值，也就是说，关节从它当前所在的位置起运动给定的值。这样，MOVE（1，10）就意味着机器人将沿 X 轴从坐标原点起运动 10in（1in＝2.54cm），而 DMOVE（1，10）则表示机器人沿 X 轴从它当前位置起运动 10in。AML 语言中有许多命令，它允许用户编制复杂的程序。

以下程序用于引导机器人从一个地方抓起一件物体，并将它放到另一个地方，并以此例来说明如何编制一个机器人程序。

| | |
|---|---|
| SUBR(PICKPLACE); | 子程序名 |
| PT1：NEW＜4,−24,2,0,0,−13＞; | 位置说明 |
| PT2：NEW＜−2,13,2,135,−90,−33＞; | |
| PT3：NEW＜−2,13,2,150,−90,−33,1＞; | |
| SPEED(0.2); | 指定机器人的速度（最大速度的 20%） |
| MOVE(ARM,0,0); | 将机器人（手臂）复位到参考坐标系原点 |
| MOVE(＜1,2,3,4,5,6＞,PT1); | 将手臂运动到物体上方的点 1 |
| MOVE(7,3); | 将抓持器打开到 3in |
| DMOVE(3,−1); | 将手臂沿 Z 轴下移 1in |
| DMOVE(7,−1.5); | 将抓持器闭合 1.5in |
| DMOVE(3,1); | 沿 X 轴将物体抬起 1in |
| MOVE(＜JX,JY,JZ,JR,JR,JY＞,PT2); | 将手臂运动到点 2 |
| DMOVE(JZ,−3); | 沿 Z 轴将手臂下移 3in 放置物体 |
| MOVE(JG,3); | 将抓持器打开到 3in |
| DMOVE(JZ,11); | 将手臂沿 Z 轴上移 11in |
| MOVE(ARM,PT3); | 将手臂运动到点 3 |

(5) AUTOPASS 语言

AUTOPASS 语言是一种对象级语言。对象级语言是靠对象物状态的变化给出大概的描述，把机器人的工作程序化的一种语言。AUTOPASS、LUMA、RAFT 等都属于这一级语言。AUTOPASS 是 IBM 公司属下的一个研究所提出来的机器人语言，它像给人的组装说明书一样，是针对机器人操作的一种语言。程序把工作的全部规划分解成放置部件、插入部件等宏功能状态变化指令来描述。AUTOPASS 的编译是用称作环境模型的数据库，边模拟工作执行时环境的变化边决定详细动作，作出对机器人的工作指令和数据。AUTOPASS 的指令分成如下四组：

① 状态变更语句。

PLACE，INSERT，EXTRACT，LIFT，LOWER，SLIDE，PUSH，ORIENT，TURN，GRASP，RELEASE，MOVE。

② 工具语句。

OPERATE，CLUMP，LOAP，UNLOAD，FETCH，REPLACE，SWITCH，LOCK，UNLOCK。

③ 紧固语句。

ATTACH，DRIVE IN，RIVET，FASTEN，UNFASTEN。

④ 其他语句。

VERIFY，OPEN STATE OF，CLOSED STATE OF，NAME，END。

例如，对于 PLACE 的描述语法为：

PLACE＜object＞＜preposition phrase＞＜object＞＜grasping phrase＞＜final condition phrase＞＜constraint phrase＞＜then hold＞

其中，＜object＞是对象名；＜preposition phrase＞表示 ON 或 IN 那样的对象物间的关系；＜grasping phrase＞是提供对象物的位置和姿态、抓取方式等；＜constraint phrase＞是末端操作器的位置、方向、力、时间、速度、加速度等约束条件的描述选择；＜then hold＞是指令机器人保持现有位置。

(6) AL 语言

AL 语言是 20 世纪 70 年代中期美国斯坦福大学人工智能研究所开发研制的一种机器人语言，它是在 WAVE 的基础上开发出来的，也是一种动作级编程语言，但兼有对象级编程语言的某些特征，使用于装配作业。它的结构及特点类似于 PASCAL 语言，可以编译成机器语言在实时控制机上运行，具有实时编译语言的结构和特征，如可以同步操作、条件操作等。AL 语言设计的原始目的是用于具有传感器信息反馈的多台机器人或机械手的并行或协调控制编程。

运行 AL 语言的系统硬件环境包括主、从两级计算机控制，主机内的管理器负责管理协调各部分的工作，编译器负责对 AL 语言的指令进行编译并检查程序，实时接口负责主、从机之间的接口连接，装载器负责分配程序。主机的功能是对 AL 语言进行编译，对机器人的动作进行规划，从机接受主机发出的动作规划命令，进行轨迹及关节参数的实时计算，最后对机器人发出具体的动作指令。

AL 变量的基本类型有标量（SCALAR）、矢量（VECTOR）、旋转（ROT）、坐标系（FRAME）和变换（TRANS）。

① 标量　标量与计算机语言中的实数一样，是浮点数，可以进行加、减、乘、除和指数五种运算，也可以进行三角函数和自然对数的变换。AL 中的标量可以表示时间（TIME）、距离（DISTANCE）、角度（ANGLE）、力（FORCE）或者它们的组合，并可以处理这些变量的量纲，即秒（sec）、英寸（inch）、度（deg）或盎司（ounce）等。AL 中有几个事先定义的标量，例如：PI＝3.14159，TRUE＝1，FALSE＝0。

② 矢量　矢量由一个三元实数（$x$，$y$，$z$）构成，表示对应于某坐标系的平移和位置之类的量。与标量一样，它们可以是有量纲的。利用 VECTOR 函数，可以由三个标量表达式来构造矢量。

在 AL 中有几个事先定义过的矢量：

xhat＜-VECTOR（1，0，0）；

yhat＜-VECTOR（0，1，0）；

zhat＜-VECTOR（0，0，1）；

nilvect＜-VECTOR（0，0，0）。

矢量可以进行加、减、内积、叉积及与标量相乘、相除等运算。

③ 旋转　旋转表示绕一个轴旋转，用以表示姿态。旋转用函数 ROT 来构造，ROT 函数有两个参数：一个代表旋转轴，用矢量表示；另一个是旋转角度。旋转规则按右手法则进行。

此外，x 函数 AXIS（x）表示求取 $x$ 的旋转轴，而｜x｜表示求取 $x$ 的旋转角。AL 中有一个称为 nilrot 的事先说明过的旋转，定义为 ROT（zhat，0 * deg）。

④ 坐标系　坐标系可通过调用函数 FRAME 来构成。该函数有两个参数：一个表示姿态的旋转，另一个表示位置的距离矢量。AL 中定义 STATION 代表工作空间的基准坐标系。

⑤ 变换　TRANS 型变量用来进行坐标系间的变换。与 FRAME 一样，TRANS 包括两部分：一个旋转和一个向量。执行时，先与相对于作业空间的基坐标系旋转部分相乘，再加上向量部分。当算术运算符"<-"作用于两个坐标系时，是指把第一个坐标系的原点移到第二个坐标系的原点，再经过旋转使其轴重合。

各家工业机器人公司的机器人编程语言都不相同，各家有各家自己的编程语言。例如 Staubli 机器人的编程语言叫 VAL3，风格和 Basic 相似；ABB 的叫做 RAPID，风格和 C 相似；还有 Adept Robotics 的 V+、Fanuc、KUKA、MOTOMAN 都有专用的编程语言，Unimation 公司最开始的语言是 VAL。但是，不论变化多大，其关键特性都很相似。

## 1.1.4　动作级语言

动作级编程语言是最低一级的机器人语言。它以机器人的运动描述为主，通常一条指令对应机器人的一个动作，表示从机器人的一个位姿运动到另一个位姿。动作级编程语言的优点是比较简单，编程容易。其缺点是功能有限，无法进行繁复的数学运算，不接受浮点数和字符串，子程序不含有自变量；不能接受复杂的传感器信息，只能接受传感器开关信息；与计算机的通信能力很差。典型的动作级编程语言为 VAL 语言，如 VAL 语言语句"MOVE TO（destination）"的含义为机器人从当前位姿运动到目的位姿。

动作级编程语言编程时分为关节级编程和末端执行器级编程两种。

（1）关节级编程

关节级编程是以机器人的关节为对象，编程时给出机器人一系列各关节位置的时间序列，在关节坐标系中进行的一种编程方法。对于直角坐标型机器人和圆柱坐标型机器人，由于直角关节和圆柱关节的表示比较简单，这种方法编程较为适用；而对具有回转关节的关节型机器人，由于关节位置的时间序列表示困难，即使一个简单的动作也要经过许多复杂的运算，故这一方法并不适用。

关节级编程可以通过简单的编程指令来实现，也可以通过示教盒示教和键入示教实现。

（2）末端执行器级编程

末端执行器级编程在机器人作业空间的直角坐标系中进行。在此直角坐标系中给出机器人末端执行器一系列组成位姿的时间序列，连同其他一些辅助功能如力觉、触觉、视觉等的时间序列，同时确定作业量、作业工具等，协调地进行机器人动作的控制。这种语言的基本特点如下。

① 各关节的求逆变换由系统软件支持进行；
② 数据实时处理且超前于执行阶段；
③ 使用方便，占内存较少；
④ 指令语句有运动指令语言、运算指令语句、输入输出和管理语句等。

这种编程方法允许有简单的条件分支，有感知功能，可以选择和设定工具，有时还有并行功能，数据实时处理能力强。

## 1.1.5　对象级语言

所谓对象即作业及作业物体本身。对象级编程语言是比动作级编程语言高一级的编程语言,它不需要描述机器人手爪的运动,只要由编程人员用程序的形式给出作业本身顺序过程的描述和环境模型的描述,即描述操作物与操作物之间的关系。通过编译程序机器人即能知道如何动作。

这类语言典型的例子有 AML 及 AUTOPASS 等语言,其特点为:

① 具有动作级编程语言的全部动作功能。

② 有较强的感知能力,能处理复杂的传感器信息,可以利用传感器信息来修改、更新环境的描述和模型,也可以利用传感器信息进行控制、测试和监督。

③ 具有良好的开放性,语言系统提供了开发平台,用户可以根据需要增加指令,扩展语言功能。

④ 数字计算和数据处理能力强,可以处理浮点数,能与计算机进行即时通信。

对象级编程语言用接近自然语言的方法描述对象的变化。对象级编程语言的运算功能、作业对象的位姿时序、作业量、作业对象承受的力和力矩等都能以表达式的形式出现。系统中机器人尺寸参数、作业对象及工具等参数一般以知识库和数据库的形式存在,系统编译程序时获取这些信息后对机器人动作过程进行仿真,再进行实现作业对象合适的位姿,获取传感器信息并处理,回避障碍以及与其他设备通信等工作。

## 1.2 工业机器人的离线编程技术

### 1.2.1 离线编程及其特点

(1) 离线编程的组成

基于 CAD/CAM 的机器人离线编程示教,是利用计算机图形学的成果,建立起机器人及其工作环境的模型,使用某种机器人编程语言,通过对图形的操作和控制,离线计算和规划出机器人的作业轨迹,然后对编程的结果进行三维图形仿真,以检验编程的正确性。最后在确认无误后,生成机器人可执行代码下载到机器人控制器中,用以控制机器人作业。

离线编程系统主要由用户接口、机器人系统的三维几何构型、运动学计算、轨迹规划、三维图形动态仿真、通信接口和误差校正等部分组成。其相互关系如图 1-3 所示。

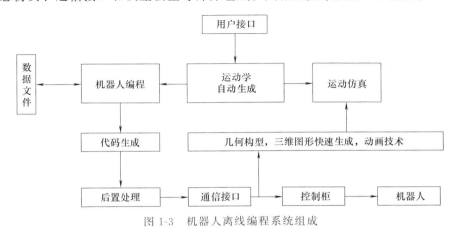

图 1-3 机器人离线编程系统组成

① 用户接口 工业机器人一般提供两个用户接口,一个用于示教编程,另一个用于语言编程。

示教编程可以用示教器直接编制机器人程序。语言编程则是用机器人语言编制程序，使机器人完成给定的任务。

② 机器人系统的三维几何构型　离线编程系统中的一个基本功能是利用图形描述对机器人和工作单元进行仿真，这就要求对工作单元中的机器人所有的卡具、零件和刀具等进行三维实体几何构型。目前，用于机器人系统三维几何构型的主要方法有以下三种：结构的立体几何表示、扫描变换表示和边界表示。

③ 运动学计算　运动学计算就是利用运动学方法在给出机器人运动参数和关节变量的情况下，计算出机器人的末端位姿，或者是在给定末端位姿的情况下，计算出机器人的关节变量值。

④ 轨迹规划　在离线编程系统中，除需要对机器人的静态位置进行运动学计算之外，还需要对机器人的空间运动轨迹进行仿真。

⑤ 三维图形动态仿真　机器人动态仿真是离线编程系统的重要组成部分，它能逼真地模拟机器人的实际工作过程，为编程者提供直观的可视图形，进而可以检验编程的正确性和合理性。

⑥ 通信接口　在离线编程系统中，通信接口起着连接软件系统和机器人控制柜的桥梁作用。

⑦ 误差校正　离线编程系统中的仿真模型和实际的机器人之间存在误差。产生误差的原因主要包括机器人本身结构上的误差、工作空间内难以准确确定物体（机器人、工件等）的相对位置和离线编程系统的数字精度等。

（2）系统特点

① 离线编程系统具有强大的兼容性，可输入多种不同类型的三维信息，包括CAD模型、三维扫描仪扫描数据、便携式CMM数据以及CNC路径等。

② 多种机器人路径生成方式相结合：用鼠标在三维模型上选点；自动在曲面上产生UV曲线、边缘曲线、特征曲线等；曲面与曲面的相交线；曲线的分割、整合等；机器人路径的批量产生等。

③ 通过加工过程参数，在机器人加工路径的基础上，可自动生成完整的机器人加工程序。生成的程序可直接应用到实际机器人上，进行生产加工。

④ 基于ABB虚拟控制器技术，可以向离线编程系统中导入各种类型的机器人和外部轴设备，这些机器人具备和真实机器人同样的机械结构和控制软件，因此可以在离线编程系统中模拟机器人的各种运动、控制过程，全程对生产过程时间及周期进行准确测算，还可以进行系统的布局设计、碰撞检测等。

（3）系统效益

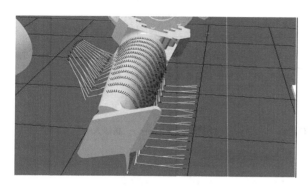

图1-4　虚拟仿真图

① 降低新系统应用的风险：在采用新的机器人系统前，可以通过离线编程平台进行新系统的测试，从而避免应用上的风险，同时降低新系统的测试成本。

② 缩短机器人系统编程时间：尤其是对于复杂曲面形状的工件来说，采用离线编程软件可显著缩短产生机器人运动路径的时间。

③ 无需手工编写机器人程序：通过各种控制模型，在离线编程软件中可以自动生成完整的可用于实际机器人上的机器人

程序。

④ 缩短新产品投产的时间。

⑤ 通过离线编程，减少了占用实际生产系统的时间，增加生产效益。

⑥ 虚拟仿真技术（如图 1-4 所示）的应用提高了机器人系统的安全性。

### 1.2.2 离线编程系统的软件架构

说到离线编程就不得不说说离线编程软件了，像 RobotArt、RobotMaster、RobotWorks、RobotStudio 等，这些都是在离线编程行业中首屈一指的。以 RobotStudio 离线编程软件为例，这款离线编程软件最大特点是根据虚拟场景中的零件形状，自动生成加工轨迹，并且可以控制大部分主流机器人。软件根据几何数模的拓扑信息生成机器人运动轨迹，之后轨迹仿真、路径优化、后置代码，同时集碰撞检测、场景渲染、动画输出于一体，可快速生成效果逼真的模拟动画，广泛应用于打磨、去毛刺、焊接、激光切割、数控加工等领域。图 1-5 就是这款软件的一个界面，这款软件有如下优点。

① 支持多种格式的三维 CAD 模型，可导入扩展名为 step、igs、stl、x_t、prt（UG）、prt（ProE）、CATPart、sldpart 等格式的 CAD 模型；

② 支持多种品牌工业机器人离线编程操作，如 ABB、KUKA、FANUC、Yaskawa、Staubli、KEBA 系列、新时达、广数等；

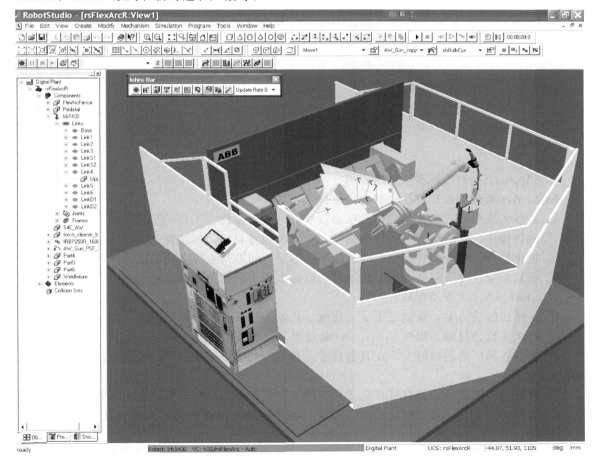

图 1-5 RobotStudio 离线编程软件

③ 拥有大量航空航天高端应用经验；
④ 自动识别与搜索 CAD 模型的点、线、面信息生成轨迹；
⑤ 轨迹与 CAD 模型特征关联，模型移动或变形，轨迹自动变化；
⑥ 一键优化轨迹与几何级别的碰撞检测；
⑦ 支持多种工艺包，如切割、焊接、喷涂、去毛刺、数控加工。

以 RobotArt 离线编程软件（如图 1-6 所示）为例，介绍离线编程系统的软件架构。RobotArt 软件采用 CS 架构（客户端、服务器架构），在云端的服务器通过云计算技术，接收客户端发送的请求，将计算结果返回客户端，通过 3D 显示技术呈现出来。RobotArt 针对教学实际情况，增加了模拟示教器、自由装配等功能，帮助初学者在虚拟环境中快速认识机器人、快速学会机器人示教器的基本操作，大大缩短了学习周期。

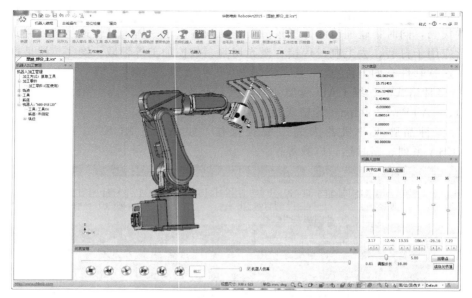

图 1-6  RobotArt 离线编程软件

（1）RobotArt 离线编程软件的组成

RobotArt 离线编程软件主要分为以下四大模块。

① 机器人编程：机器人编程中各项必备功能，包括零件、工具、轨迹、仿真、后置等。
② 曲线操作：强大的 2D、3D 曲线功能，自由设计自己的轨迹曲线。
③ 定位检查：包含零件定位、碰撞检测、测量、间隙检查等多项功能。
④ 场景渲染：提供零件与场景渲染器，可做出更出色的渲染图与动画。

（2）RobotArt 离线编程软件的特点

① 一站式解决方案，集轨迹生成、修改，机器人仿真、后置和工艺于一体。
② 自由的轨迹规划，提供了 2D、3D 曲线用于设计任意的轨迹。
③ 兼容各种厂商的机器人，在具备机器人参数与几何模型前提下，可定义任意的 3～7 轴机器人。
④ 可视化工艺管理，提供可视化工艺管理工具，最终用户可定义自己的工艺包。
⑤ 多种实用工具，提供碰撞检测、测量、场景渲染等多种功能，无论设计或展示，都得心应手。
⑥ 强大的技术支持，公司在北京，美国亚特兰大有两个研发团队致力于此产品的研发与服务。

机器人离线编程系统正朝着一个智能化、专用化的方向发展，用户操作越来越简单方便，并且能够快速生成控制程序。在某些具体的应用领域可以实现参数化，极大地简化了用户的操作。同时机器人离线编程技术对机器人的推广应用及其工作效率的提升有着重要的意义，离线编程可以大幅度节约制造时间，实现机器人的实时仿真，为机器人的编程和调试提供灵活的工作环境，所以说离线编程是机器人发展的一个大的方向。

### 1.2.3 离线编程的基本步骤

(1) 机器人离线编程的组成

机器人离线编程系统不仅要在计算机上建立起机器人系统的物理模型，而且要对其进行编程和动画仿真，以及对编程结果后置处理。一般说来，机器人离线编程系统包括以下一些主要模块：传感器、机器人系统CAD建模、离线编程、图形仿真、人机界面以及后置处理等。

① CAD建模  CAD建模需要完成以下任务：零件建模；设备建模；系统设计和布置；几何模型图形处理。因为利用现有的CAD数据及机器人理论结构参数所构建的机器人模型与实际模型之间存在着误差，所以必须对机器人进行标定，对其误差进行测量、分析及不断校正所建模型。随着机器人应用领域的不断扩大，机器人作业环境的不确定性对机器人作业任务有着十分重要的影响，固定不变的环境模型是不够的，极可能导致机器人作业的失败。因此，如何对环境的不确定性进行抽取，并以此动态修改环境模型，是机器人离线编程系统实用化的一个重要问题。

② 图形仿真  离线编程系统的一个重要作用是离线调试程序，而离线调试最直观有效的方法是在不接触实际机器人及其工作环境的情况下，利用图形仿真技术模拟机器人的作业过程，提供一个与机器人进行交互作用的虚拟环境。计算机图形仿真是机器人离线编程系统的重要组成部分，它将机器人仿真的结果以图形的形式显示出来，直观地显示出机器人的运动状况，从而可以得到从数据曲线或数据本身难以分析出来的许多重要信息，离线编程的效果正是通过这个模块来验证的。随着计算机技术的发展，在PC的Windows平台上可以方便地进行三维图形处理，并以此为基础完成CAD、机器人任务规划和动态模拟图形仿真。一般情况下，用户在离线编程模块中为作业单元编制任务程序，经编译连接后生成仿真文件。在仿真模块中，系统解释控制执行仿真文件的代码，对任务规划和路径规划的结果进行三维图形动画仿真，模拟整个作业的完成情况。检查发生碰撞的可能性及机器人的运动轨迹是否合理，并计算机器人的每个工步的操作时间和整个工作过程的循环时间，为离线编程结果的可行性提供参考。

③ 编程  编程模块一般包括：机器人及设备的作业任务描述（包括路径点的设定）、建立变换方程、求解未知矩阵及编制任务程序等。在进行图形仿真以后，根据动态仿真的结果，对程序做适当的修正，以达到满意效果，最后在线控制机器人运动以完成作业。在机器人技术发展初期，较多采用特定的机器人语言进行编程。一般的机器人语言采用了计算机高级程序语言中的程序控制结构，并根据机器人编程的特点，通过设计专用的机器人控制语句及外部信号交互语句来控制机器人的运动，从而增强了机器人作业描述的灵活性。面向任务的机器人编程是高度智能化的机器人编程技术的理想目标——使用最适合于用户的类自然语言形式描述机器人作业，通过机器人装备的智能设施实时获取环境的信息，并进行任务规划和运动规划，最后实现机器人作业的自动控制。面向对象机器人离线编程系统所定义的机器人编程语言把机器人几何特性和运动特性封装在一块，并为之提供了通用的接口。基于这种接口，可方便地与各种对象，包括传感器对象打交道。由于语言能对几何信息直接进行操作且具有空间推理功能，因此

它能方便地实现自动规划和编程。此外,还可以进一步实现对象化任务级编程语言,这是机器人离线编程技术的又一大提高。

④ 传感器 近年来,随着机器人技术的发展,传感器在机器人作业中起着越来越重要的作用,对传感器的仿真已成为机器人离线编程系统中必不可少的一部分,并且也是离线编程能够实用化的关键。利用传感器的信息能够减少仿真模型与实际模型之间的误差,增加系统操作和程序的可靠性,提高编程效率。对于有传感器驱动的机器人系统,由于传感器产生的信号会受到多方面因素的干扰(如光线条件、物理反射率、物体几何形状以及运动过程的不平衡性等),使得基于传感器的运动不可预测。传感器技术的应用使机器人系统的智能性大大提高,机器人作业任务已离不开传感器的引导。因此,离线编程系统应能对传感器进行建模,生成传感器的控制策略,对基于传感器的作业任务进行仿真。

⑤ 后置处理 后置处理的主要任务是把离线编程的源程序编译为机器人控制系统能够识别的目标程序。即当作业程序的仿真结果完全达到作业的要求后,将该作业程序转换成目标机器人的控制程序和数据,并通过通信接口下装到目标机器人控制柜,驱动机器人去完成指定的任务。由于机器人控制柜的多样性,要设计通用的通信模块比较困难,因此一般采用后置处理将离线编程的最终结果翻译成目标机器人控制柜可以接受的代码形式,然后实现加工文件的上传及下载。机器人离线编程中,仿真所需数据与机器人控制柜中的数据是有些不同的。所以离线编程系统中生成的数据有两套:一套供仿真用,一套供控制柜使用,这些都是由后置处理进行操作的。

(2)离线编程的操作过程

本次采用 RobotStudio 软件进行简单离线编程。

第一步:建立作业路径。RobotStudio 离线编程软件默认编程路径为 C:\Users\Administrator\Documents\RobotStudio\Solutions,编程时,可根据自己的需要更改路径。此外,新建机器人工作站的名称也可以根据自己的需要进行更改。接着,单击"创建"按钮即可,如图 1-7 所示。

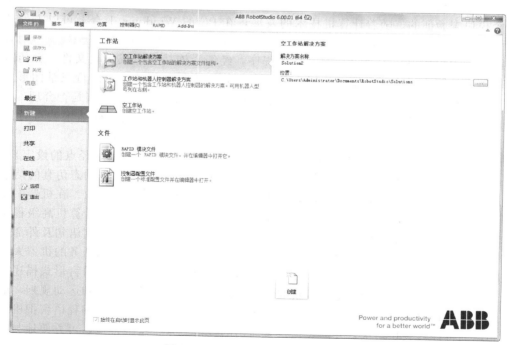

图 1-7 RobotStudio 建立作业路径

第二步：机器人建模。单击"ABB模型库"，选择需要的机器人后，进入图1-8所示界面。接着，单击确定，就会出现如图1-9所示的画面。

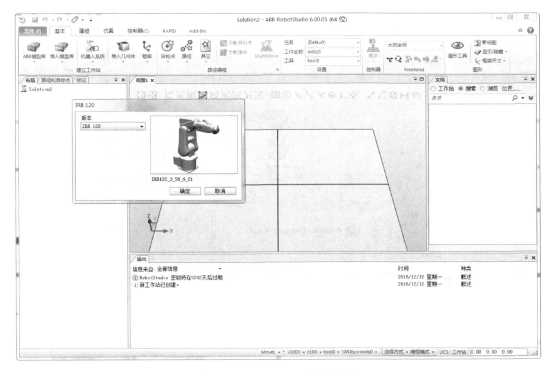

图1-8 RobotStudio选取机器人

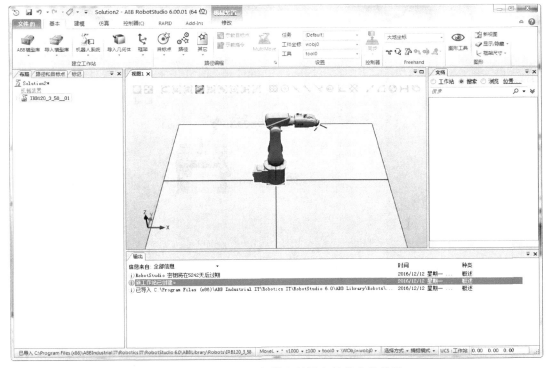

图1-9 RobotStudio机器人放置在软件中的效果

第三步：放置工具、目标元器件和附属部件，如图 1-10～图 1-12 所示。

图 1-10　RobotStudio 放置工具

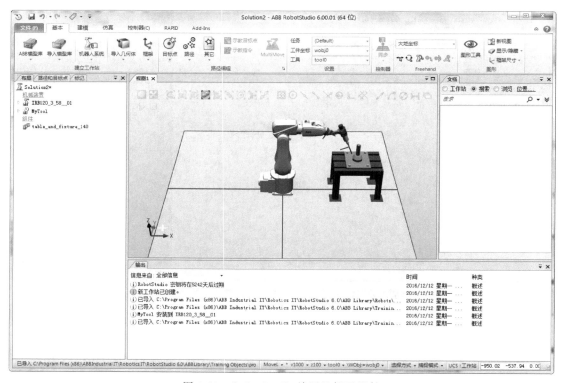

图 1-11　RobotStudio 放置目标元器件

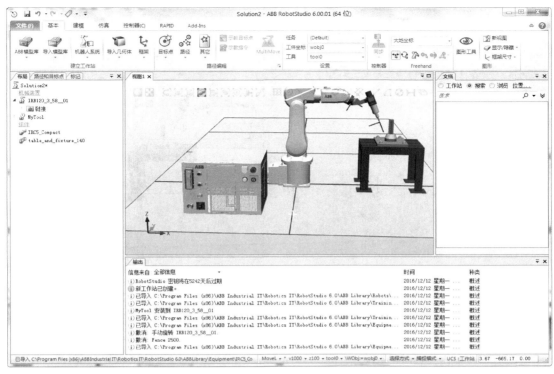

图 1-12　RobotStudio 放置附属部件

第四步：创建机器人系统。整个系统建立后，要通过离线软件建立系统，以便于进行下一步的操作。如图 1-13～图 1-15 所示。

图 1-13　RobotStudio 创建机器人系统

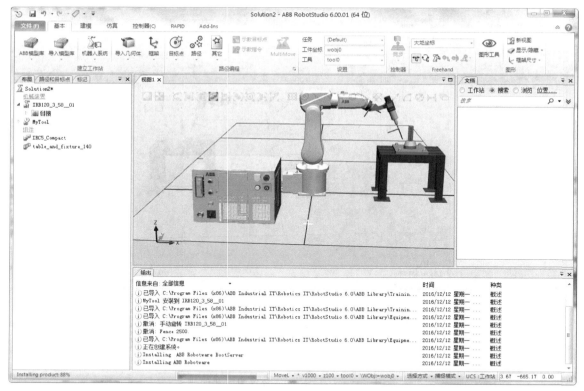

图 1-14　RobotStudio 系统创建过程

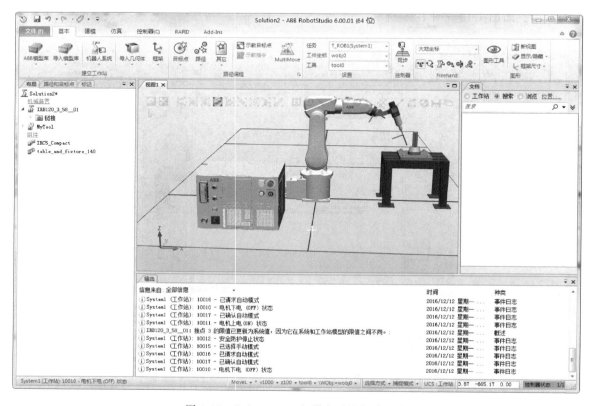

图 1-15　RobotStudio 机器人系统创建完成

第五步：建立工件坐标系。工件坐标系是编程时使用的坐标系，又称编程坐标系，该坐标系是人为设定的，可以采用三点法确定工件坐标系。如图1-16所示。

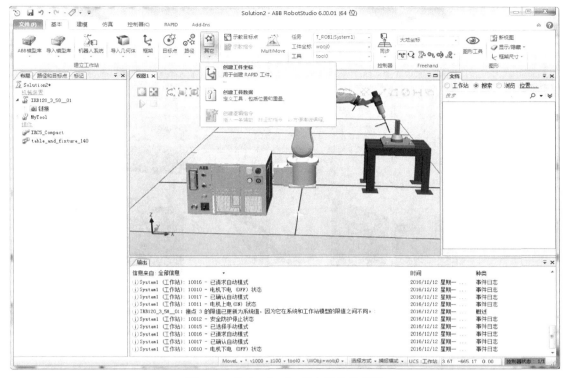

图 1-16　RobotStudio 建立工件坐标系

第六步：调整机器人作业位置，如图1-17所示。

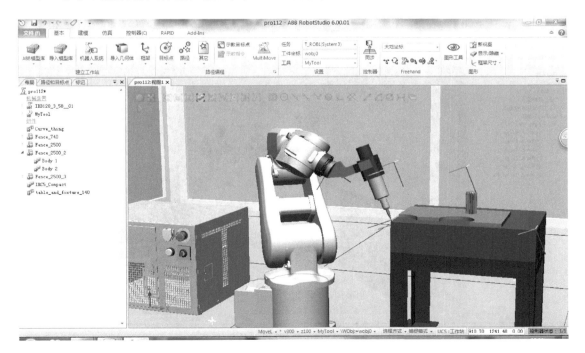

图 1-17　RobotStudio 机器人作业位置

第七步：离线编程，创建新的路径，单击示教指令按键，就会在新路径下生成第一条指令，如图 1-18 所示。

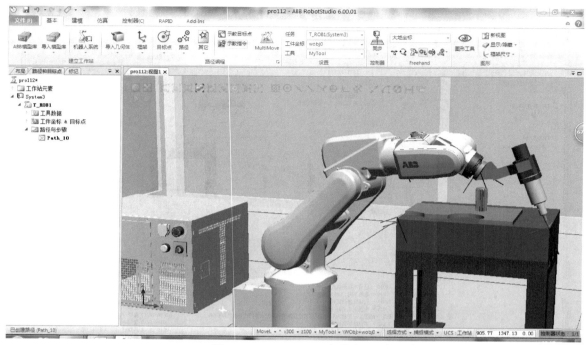

图 1-18　RobotStudio 离线编程

第八步：机器人作业仿真，单击仿真、播放，就能实现机器人的仿真，机器人会按照设定的路径运行，如图 1-19 所示。

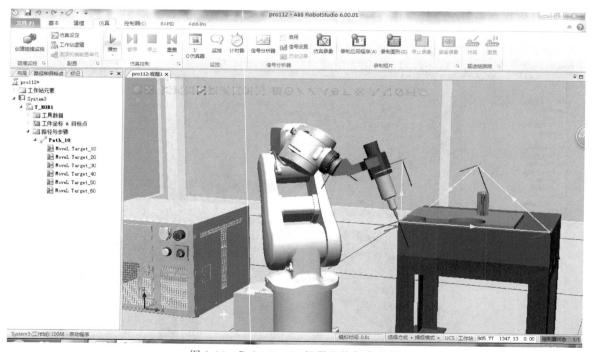

图 1-19　RobotStudio 机器人的仿真运行

# 第 2 章
# 构建基本仿真工业机器人工作站

## 2.1 布局工业机器人基本工作站

### 2.1.1 工业机器人工作站的建立

（1）了解工业机器人工作站

工业机器人工作站是指能进行简单作业，且使用一台或两台机器人的生产体系。工业机器人生产线是指进行工序内容多的复杂作业，使用了两台以上机器人的生产体系。RobitStudio 中可以对基本的工作站（图 2-1）或者生产线进行仿真布局（图 2-2）。

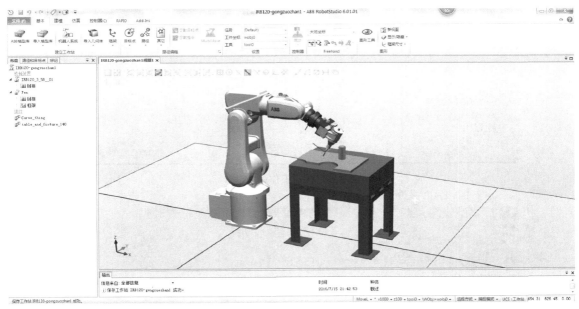

图 2-1 工业机器人基本工作站

（2）导入机器人

步骤一：新建工作站，方法 1 见图 2-3，方法 2 见图 2-4。

步骤二：选择机器人模型库。工业机器人库见图 2-5 和图 2-6，选择"IRB120"型机器人见图 2-7 和图 2-8，可选择不同类型的机器人。

在实际中，要根据需求选择具体的机器人型号、承重能力和达到的距离，例如选择 IRB2600 和 IRB1200，如图 2-9 与图 2-10 所示。这里以某机电一体化设备中使用的 IRB120 机器人为例进行介绍。

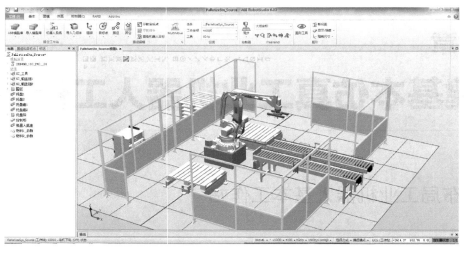

图 2-2 码垛工业机器人工作站

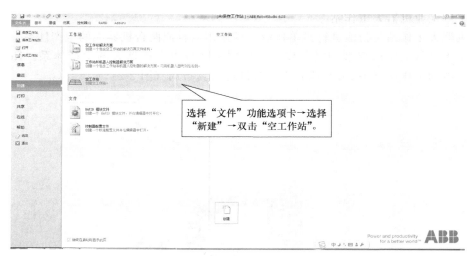

图 2-3 新建工作站方法 1

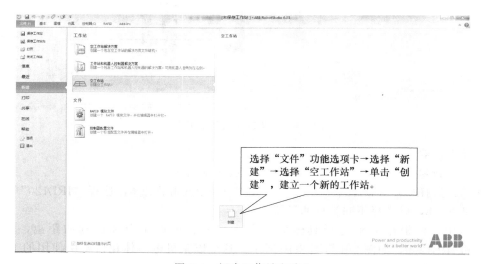

图 2-4 新建工作站方法 2

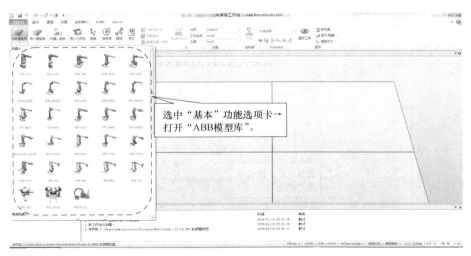

图 2-5　工业机器人库 1

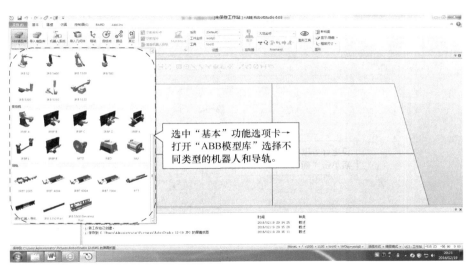

图 2-6　工业机器人库 2

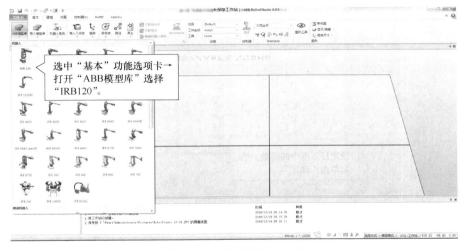

图 2-7　选择"IRB120"型

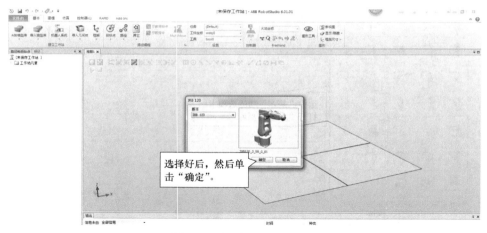

图 2-8　选取机器人 IRB120

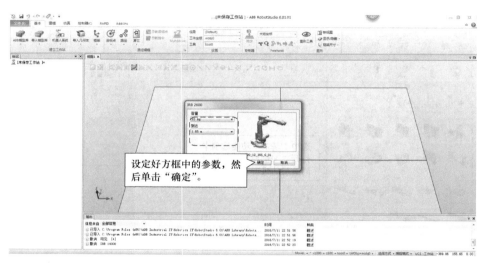

图 2-9　IRB2600 参数设定

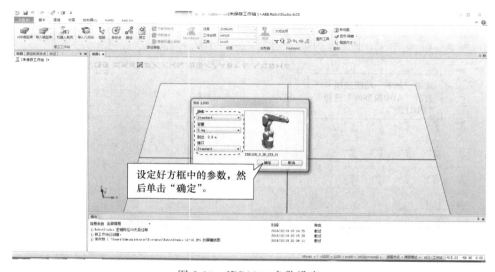

图 2-10　IRB1200 参数设定

（3）机器人视角调整

在工作站建模过程中，对放置的机器人位置和观察视图不合理，需要进行调整，可以通过键盘和鼠标的按键组合，实现工作站视图的调整。平移如图 2-11 所示，360°视角如图 2-12 所示。

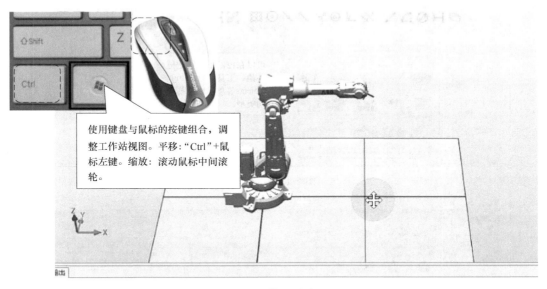

图 2-11　工作站平移视图

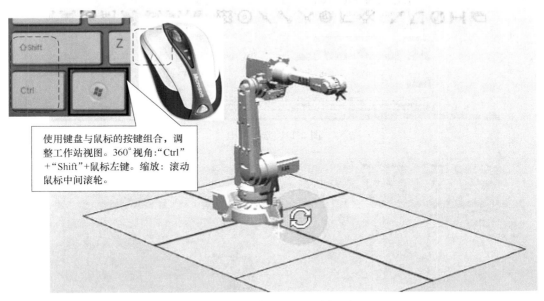

图 2-12　工作站 360°视角视图

（4）加载机器人工具

步骤一：选中"基本"功能选项卡→打开"导入模型库"，如图 2-13 所示。

步骤二：选择"Training Objects"中的"Pen"加载机器人工具的操作如图 2-14 所示。

步骤三：选择"Pen"机器人工具后，如图 2-15 所示，"Pen"与机器人处于同一个坐标系中。

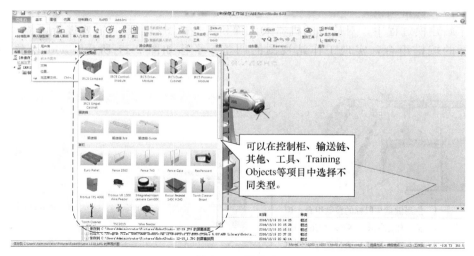

图 2-13 设备库

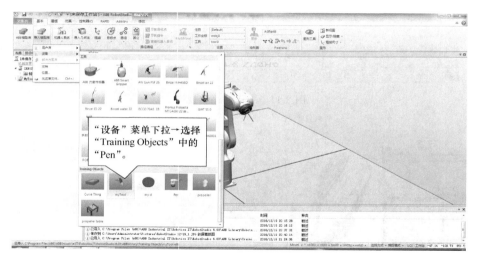

图 2-14 选择工具

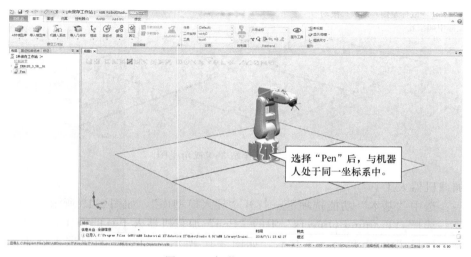

图 2-15 加载"Pen"工具

步骤四：安装工具"Pen"加载到机器人。方法有两种，一种在"Pen"上按住左键，向上拖到"IRB120_3_58_01"后松开左键，如图 2-16 和图 2-17 所示。

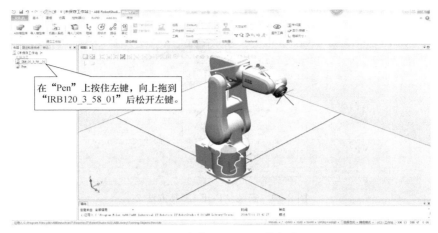

图 2-16　安装"Pen"工具方法 1

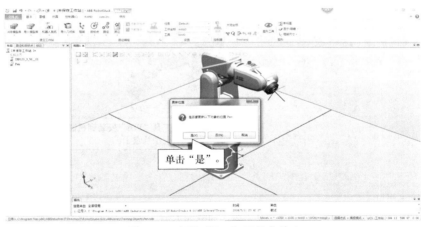

图 2-17　安装"Pen"工具方法 1

另一种方法是选中"Pen"上点击右键，在下拉菜单中选择"安装到"→"IRB120_3_58_01"，如图 2-18 和图 2-19 所示。

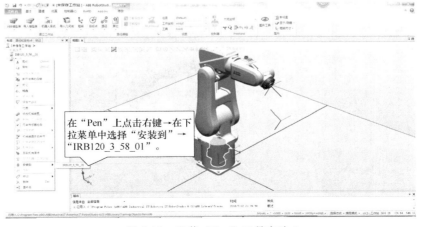

图 2-18　安装"Pen"工具方法 2

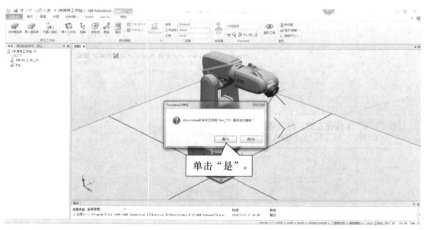

图 2-19　安装"Pen"工具方法 2

"Pen"加载完成。如图 2-20 所示。

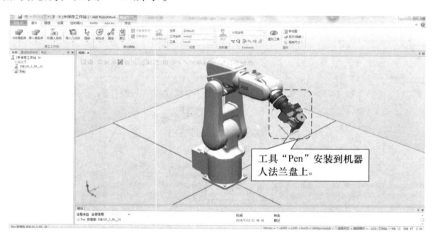

图 2-20　加载完成后

步骤五：卸载"Pen"工具。选中安装到机器人法兰盘上的工具"Pen"，将工具从法兰盘上拆除，在"Pen"上点击右键→在下拉菜单中选择"拆除"。如图 2-21～图 2-23 所示。

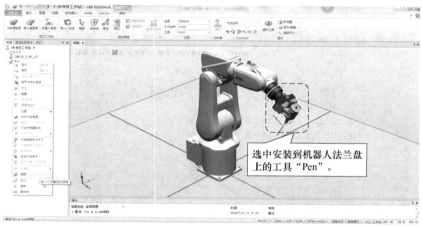

图 2-21　选中拆除的工具

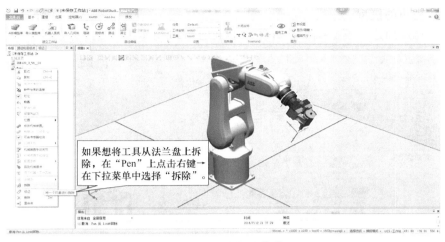

图 2-22　选中拆除菜单

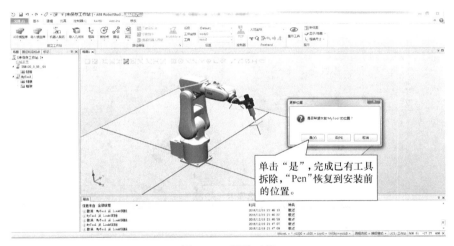

图 2-23　拆除工具

步骤六：删除加载工具。右击鼠标，选中"BinzelTool"下拉选项卡，单击"删除"，即完成加载工具删除，随后可以重新根据上述方法加载其他工具，如图 2-24 所示。

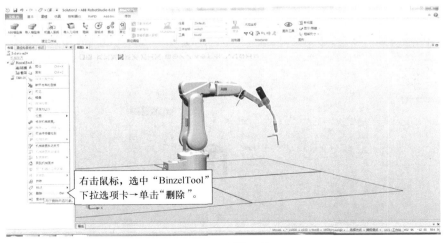

图 2-24　删除工具

（5）摆放周边的模型

步骤一：摆放周边的模型操作，如图 2-25 和图 2-26 所示。

图 2-25　设备库

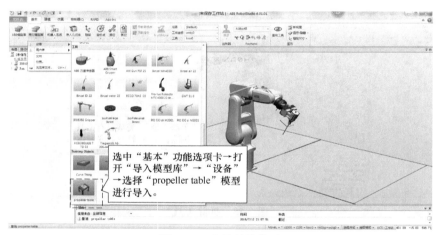

图 2-26　选择所需模型

步骤二：加载后，效果如图 2-27 所示。

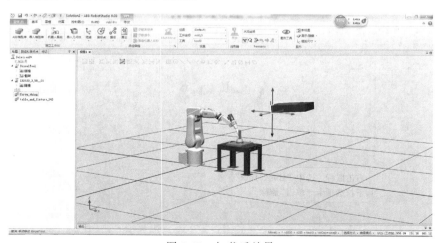

图 2-27　加载后效果

(6) 移动相应设备

① 显示机器人工作区域  如图 2-28、图 2-29 所示。仿真的区域和目的如图 2-30 所示。

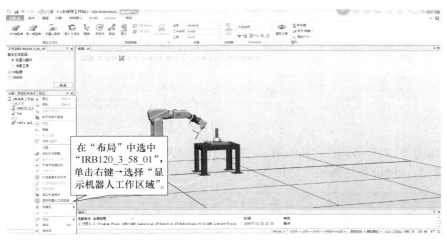

图 2-28  显示机器人工作区域

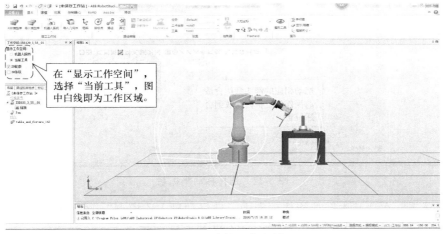

图 2-29  选择工作空间

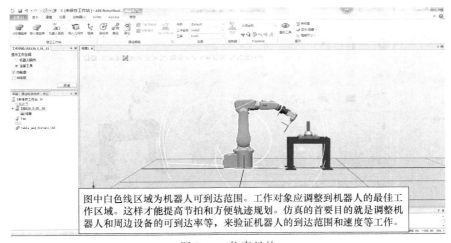

图 2-30  仿真目的

② 移动对象　在移动机器人或者加载的工具时，使用Freehand工具栏功能，如图2-31所示。

图2-31　Freehand工具

平移时如图2-32所示，在"Freedhand"中选中"大地坐标"和单击"移动"按钮，然后拖动相应的箭头，使设备达到相应的位置。

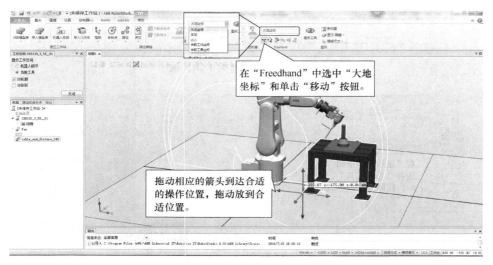

图2-32　选择移动坐标系

③ 模型导入　在"基本"功能选项卡中，选择"导入库模型"，在下拉"设备"列表中选择"Curve Thing"，进行模型导入，如图2-33和图2-34所示。

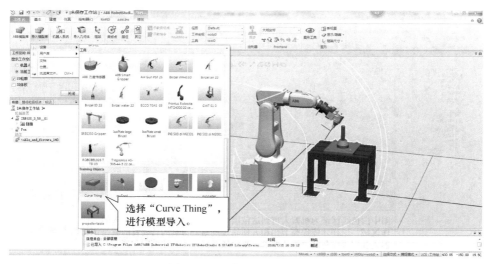

图2-33　选中"Curve Thing"

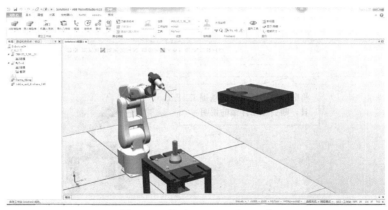

图 2-34 导入 Curve Thing 后

## 2.1.2 加载物件

在仿真时需要经加载的物件放置到相应的平台上，通常有 5 种方法：一点法、两点法、三点法、框架法、两个框架法，这里我们以两点法为例说明。

两点法实施过程如图 2-35 和图 2-36 所示。为了能准确捕捉对象特征，需要正确地选择捕捉工具，如图 2-37～图 2-42 所示。

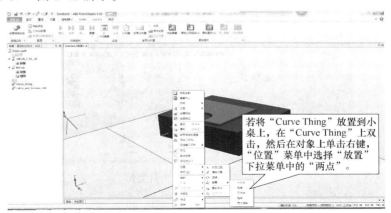

图 2-35 选中两点法 1

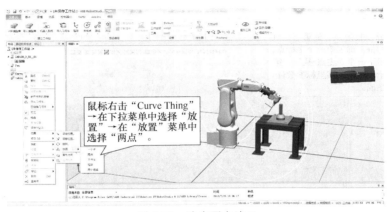

图 2-36 选中两点法 2

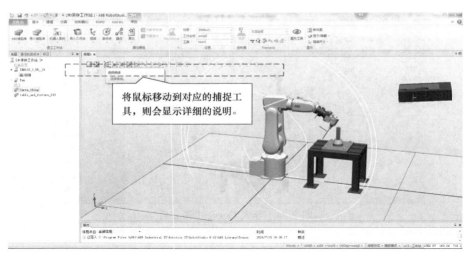

图 2-37　捕捉工具运用

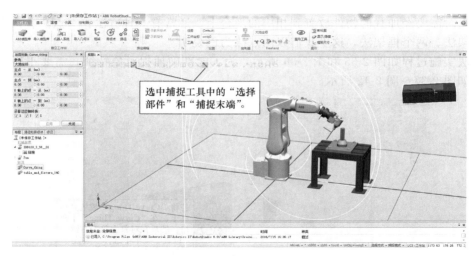

图 2-38　选中捕捉工具类型

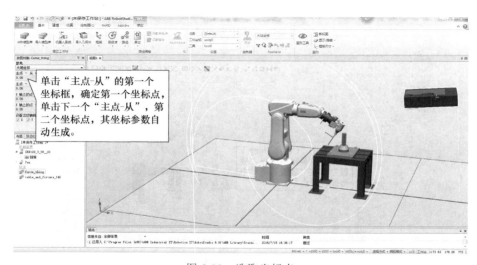

图 2-39　选取坐标点

第 2 章 构建基本仿真工业机器人工作站 | 39

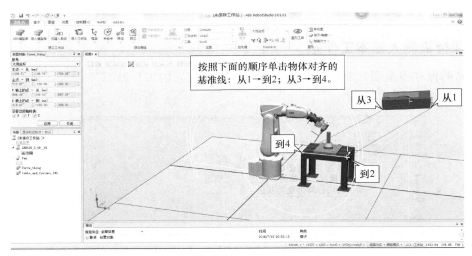

图 2-40 选择基准点

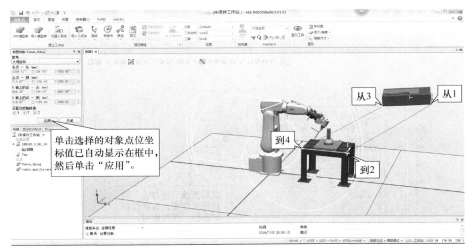

图 2-41 基点选取后应用

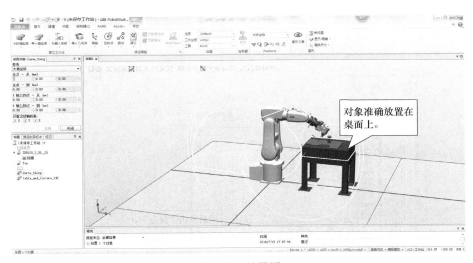

图 2-42 效果图

## 2.1.3 保存机器人基本工作站

工作站的保存很重要,及时的保存可以防止已经建立的工作站意外丢失,其方法有三种,如图 2-43~图 2-46 所示。

图 2-43 保存方法 1

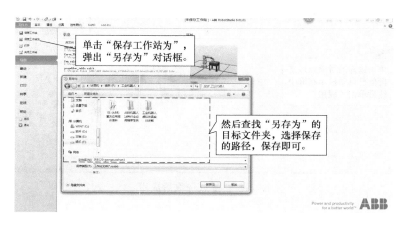

图 2-44 保存方法 2

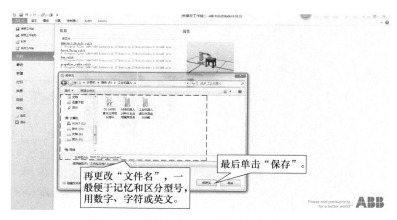

图 2-45 保存方法 3(更改文件名并保存)

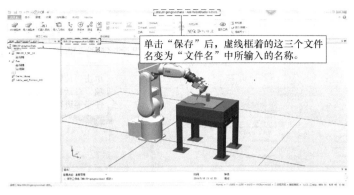

图 2-46　文件名更改保存后

## 2.2　建立工业机器人系统与手动操作

### 2.2.1　建立工业机器人系统操作

在完成了布局后，要为机器人加载系统，建立虚拟的控制器，使其具有电气的特性来完成相关的仿真操作，具体操作见图 2-47～图 2-57。

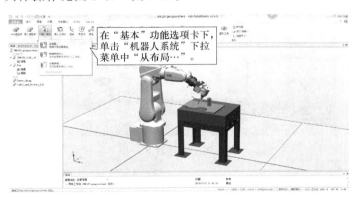

图 2-47　机器人布局

图 2-48　系统名字和位置

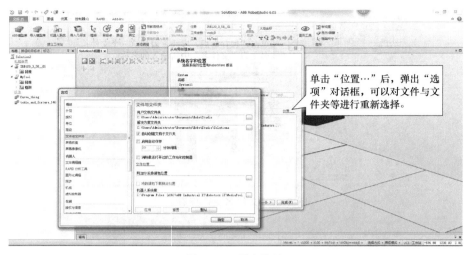

图 2-49　更改位置

图 2-50　选择后下一步

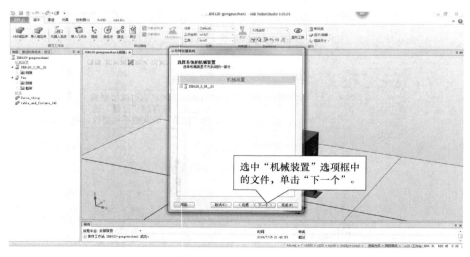

图 2-51　机械装置选择

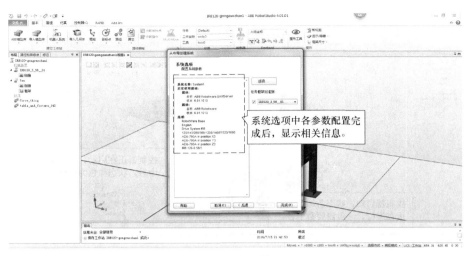

图 2-52　配置信息

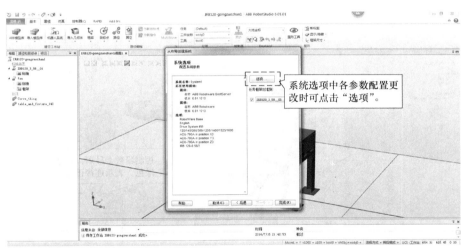

图 2-53　更改配置信息选项

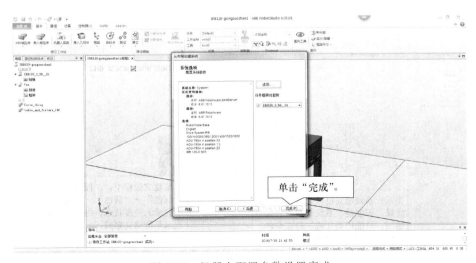

图 2-54　机器人配置参数设置完成

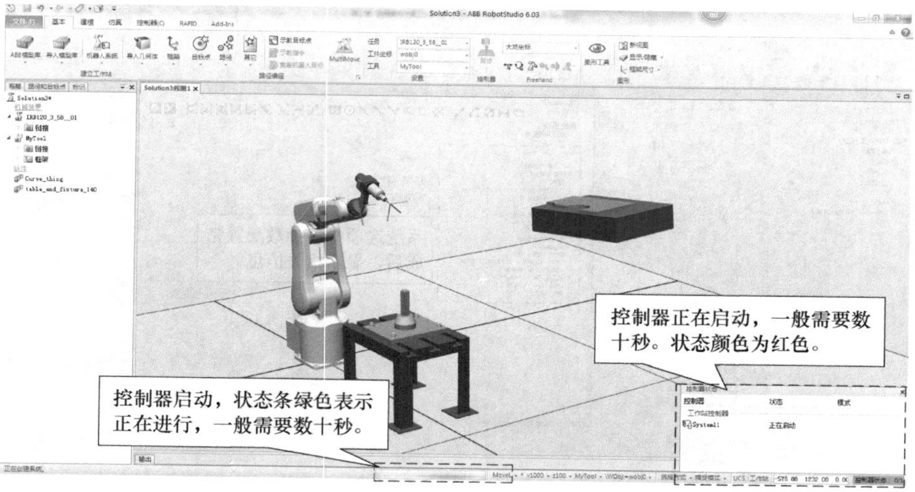

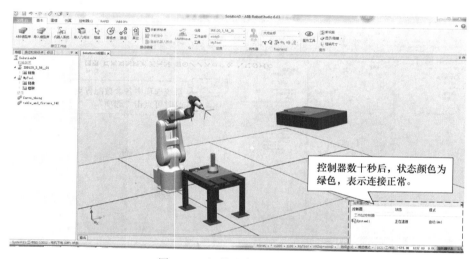

图 2-55　机器人参数配置中

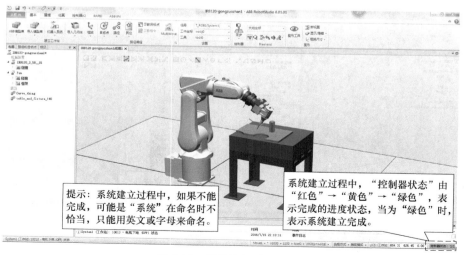

图 2-56　机器人参数配置正常

图 2-57　系统配置建立结束

## 2.2.2 机器人的位置移动

如果在建立工业机器人系统后，发现机器人的摆放位置并不合适，还需要进行调整的话，就要在移动机器人的位置后重新确定机器人在整个工作站中的坐标位置。具体操作如图 2-58～图 2-61 所示。

图 2-58　X、Y、Z 三轴方向移动

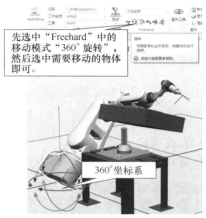

图 2-59　X、Y、Z 轴 360°旋转

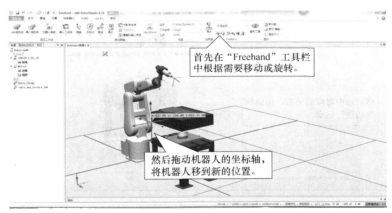

图 2-60　水平移动方式

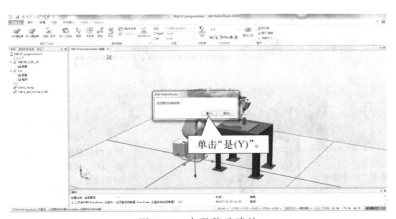

图 2-61　水平移动确认

旋转物体的 360°运动参照水平移动。

## 2.2.3 工业机器人的手动操作

在 RobotStudio 中,让机器人手动运动到达所需要的位置,手动共有三种方式:手动关节、手动线性和手动重定位,如图 2-62 所示。我们可以通过直接拖动和精确手动两种控制方式来实现。

图 2-62 手动操作三种方式

(1) 直接拖动

直接拖动操作步骤如图 2-63 与图 2-64 所示。

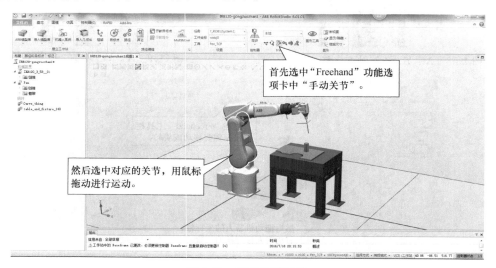

图 2-63 手动关节运动

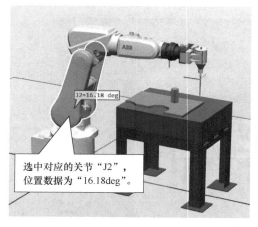
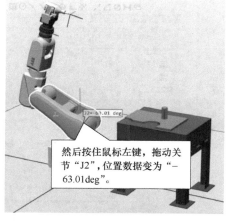

图 2-64 手动关节运动举例

机器人其他关节（J1~J6）的运动，如图 2-63 和图 2-64 所示。

① 线性运动　工业机器人手动线性运动，见图 2-65~图 2-67。

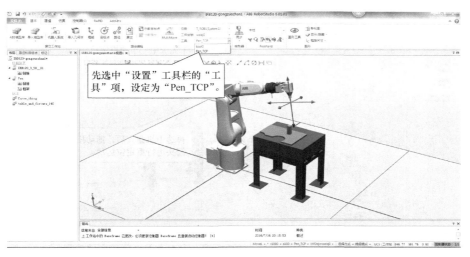

图 2-65　选取运动物体

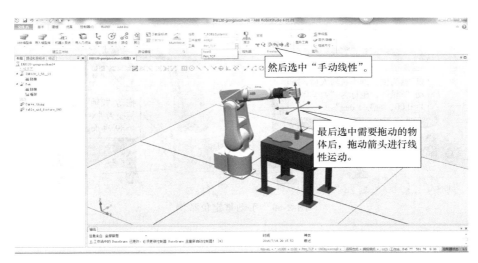

图 2-66　选取线性拖动物体

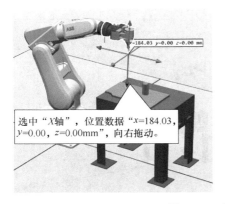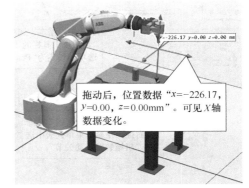

图 2-67　手动线性拖动例子

工具"Pen_TCP"沿"Y轴"和"Z轴"的移动与图2-65和图2-66相似。

② 手动重定位　手动重定位如图2-68、图2-69所示。

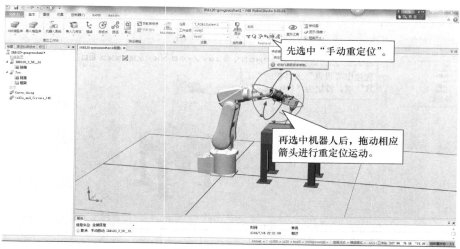

图2-68　手动重定位

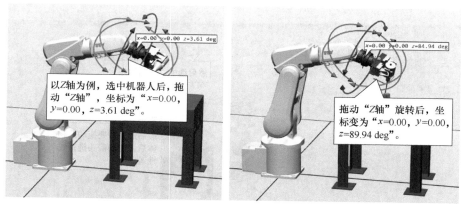

图2-69　手动重定位举例

（2）精确手动

精确手动操作步骤如图2-70～图2-76所示。

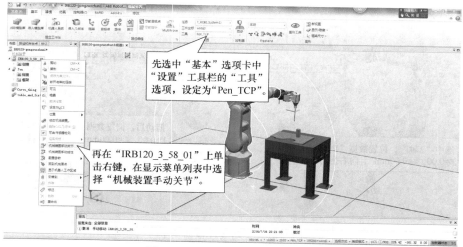

图2-70　选择机械装置手动关节

第 2 章 构建基本仿真工业机器人工作站

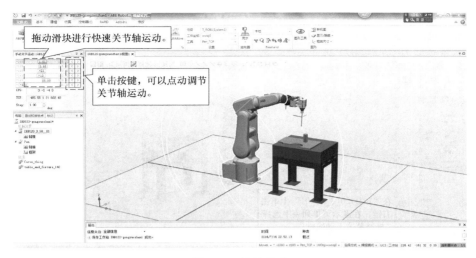

图 2-71 快速移动

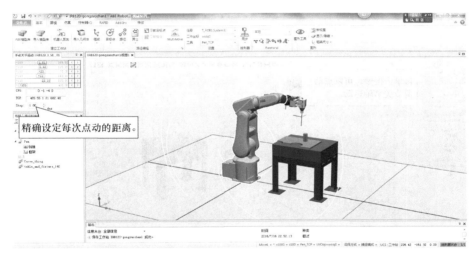

图 2-72 精确设定移动

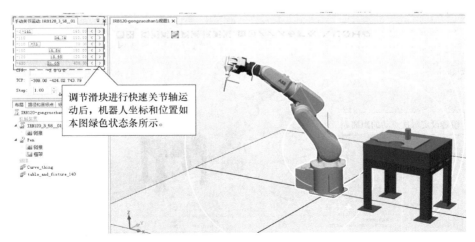

图 2-73 精确移动

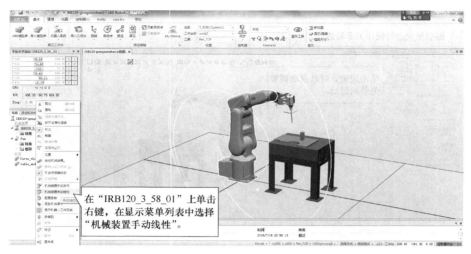

图 2-74　机械装置手动线性

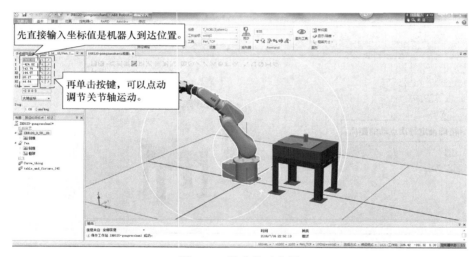

图 2-75　设定移动位置

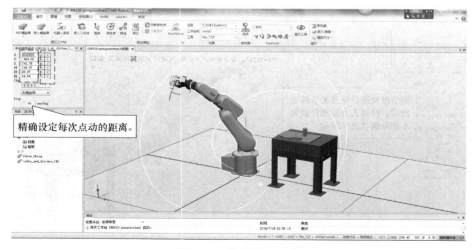

图 2-76　精确设定点动

## 2.2.4 回机械原点

回到机械原点操作如图 2-77、图 2-78 所示。

图 2-77　回机械原点

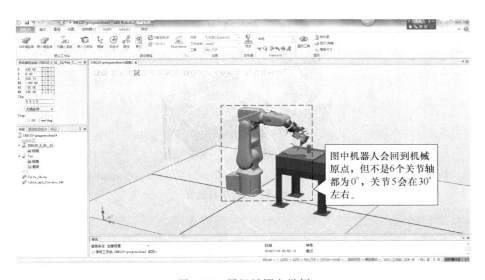

图 2-78　回机械原点举例

## 2.3 创建工业机器人工件坐标系与轨迹程序

### 2.3.1 建立工业机器人工件坐标

与实际的机器人一样，需要在 RobotStudio 中对工件对象建立工件坐标，具体步骤如图 2-79～图 2-86 所示。

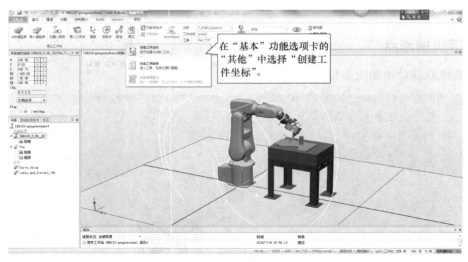

图 2-79 创建坐标系

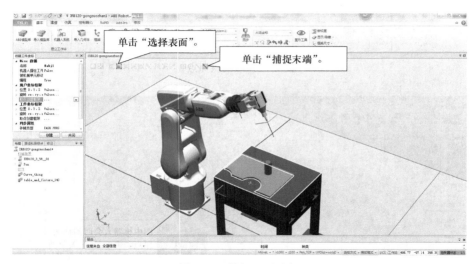

图 2-80 捕捉工具选择

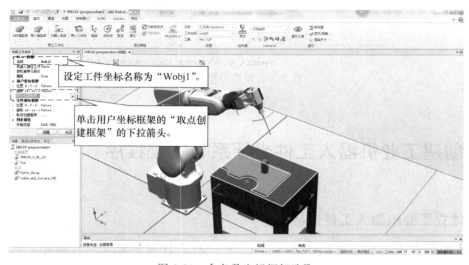

图 2-81 命名及坐标框架选取

第 2 章　构建基本仿真工业机器人工作站

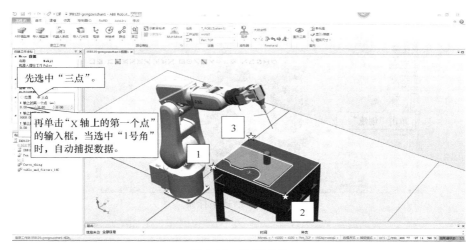

图 2-82　选择三点

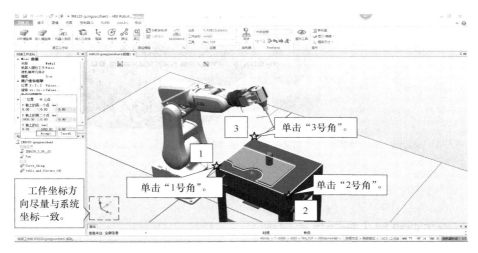

图 2-83　三点法

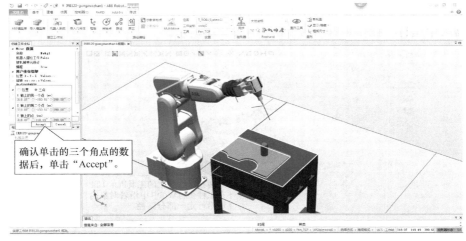

图 2-84　参数设定完毕

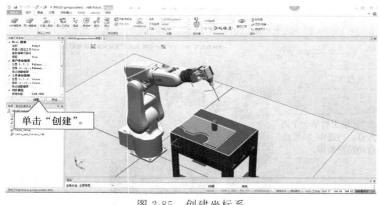

图 2-85　创建坐标系

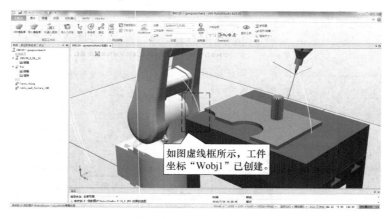

图 2-86　工件坐标系建立

## 2.3.2　创建工业机器人运动轨迹程序

（1）建立步骤

与真实的机器人一样，在 RobotStudio 中工业机器人运动轨迹也是通过 RAPID 程序指令进行控制的。下面我们就来看如何在 RobotStudio 中进行轨迹的仿真，生成的轨迹可以下载到真实的机器人中运行。操作步骤如图 2-87～图 2-101 所示。

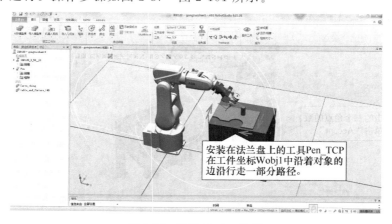

图 2-87　确认 Wobj1 路径

第 2 章　构建基本仿真工业机器人工作站

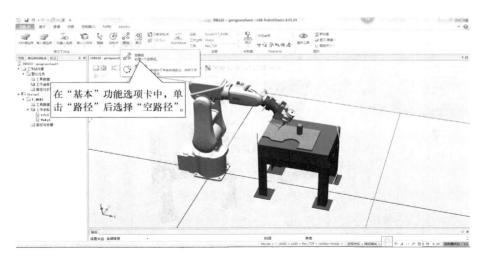

图 2-88　选择空路径

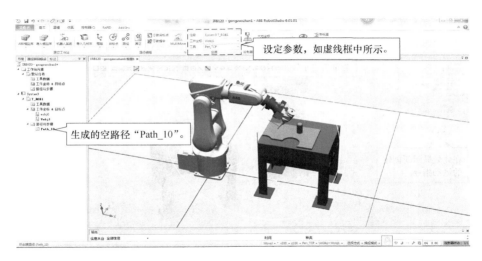

图 2-89　参数设定

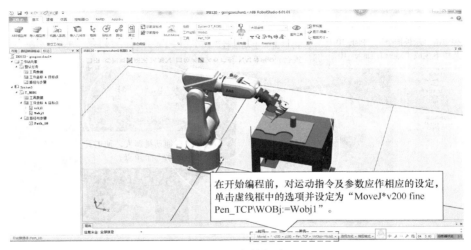

图 2-90　参数解读

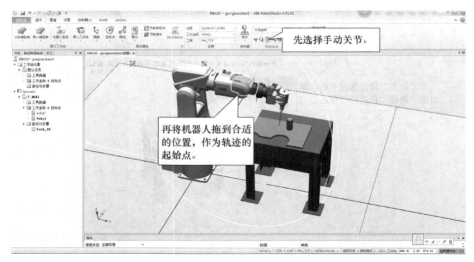

图 2-91　准备设定机器人轨迹

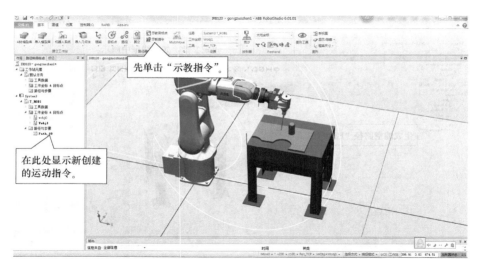

图 2-92　设定机器人轨迹

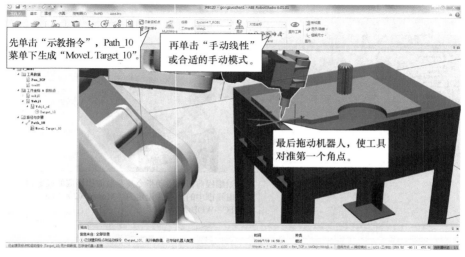

图 2-93　手动线性路径生成

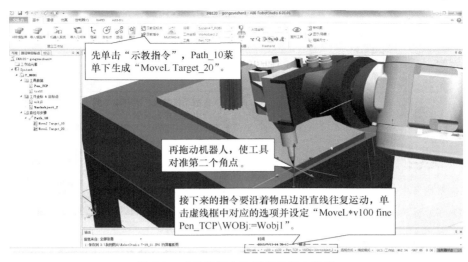

图 2-94 "示教指令"设定机器人轨迹

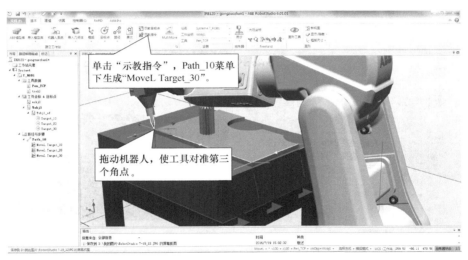

图 2-95 "示教指令"设定机器人轨迹

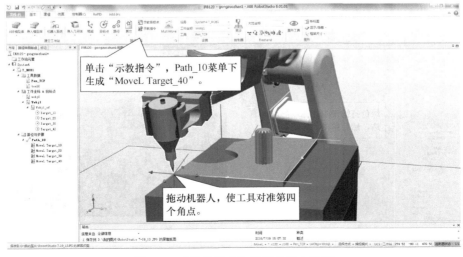

图 2-96 "示教指令"设定机器人轨迹

图 2-97 "示教指令"设定机器人轨迹结束

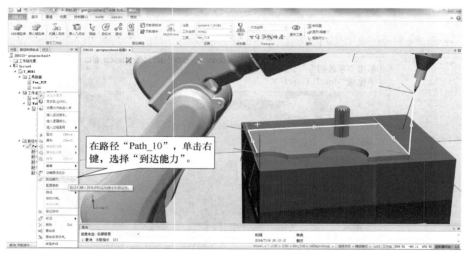

图 2-98 "到达能力"设定

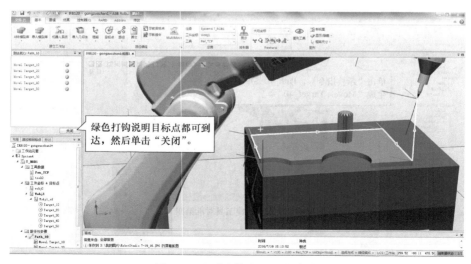

图 2-99 "到达能力"设定完毕

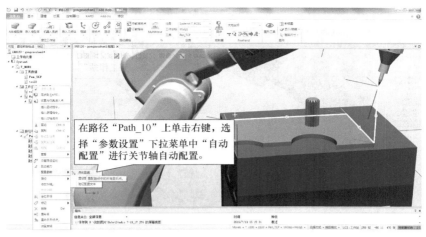

图 2-100　关节轴自动配置

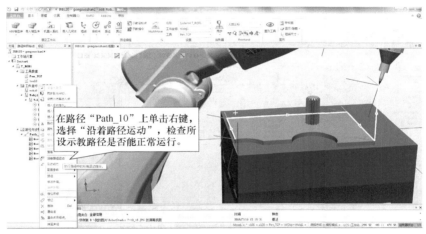

图 2-101　检验是否正确

（2）注意事项

在创建机器人轨迹指令程序时，要注意以下事项：

① 手动线性时，要注意观察关节轴是否会接近极限而无法拖动，这时要适当做出姿态的调整。观察关节轴角度的方法参见 2.2 节中精确手动的步骤。

② 在示教轨迹的过程中，如果出现机器人无法到达工件的话，适当调整工件的位置再进行示教。

③ 要注意 MoveJ 和 MoveL 指令的使用。可参考相关资料。

④ 在示教的过程中，要适当调整视角，这样可以更好地观察。

## 2.4　机器人仿真运行

### 2.4.1　仿真运行机器人轨迹

操作步骤如图 2-102～图 2-107 所示。

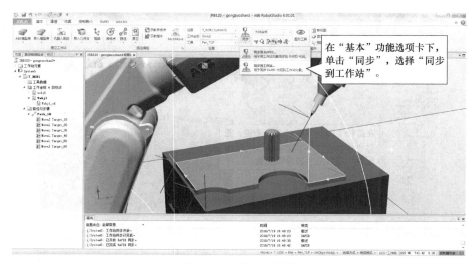

图 2-102　同步工作站

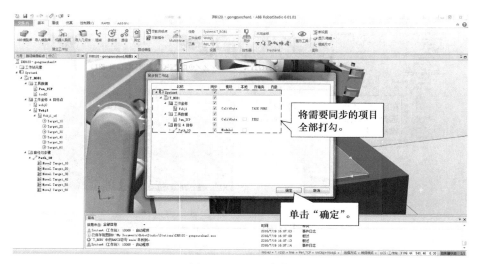

图 2-103　设置参数

图 2-104　仿真设定

第 2 章 构建基本仿真工业机器人工作站 | 61

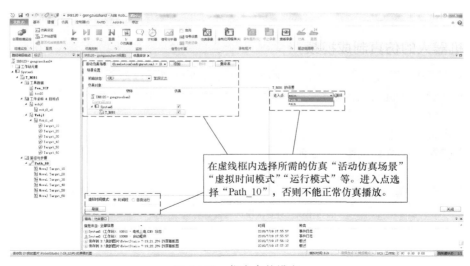

图 2-105 仿真参数设定

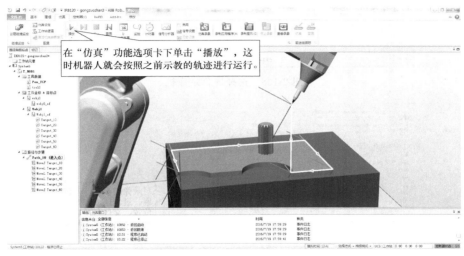

图 2-106 仿真播放

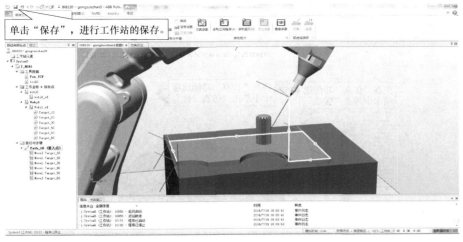

图 2-107 保存仿真视频

## 2.4.2 机器人的仿真制成视频

可将工作站中的工业机器人运行轨迹或动作录制成视频,以便在没有安装 RobotStudio 软件的情况下查看工业机器人的运行,还可以将工作站制作成 EXE 可执行文件,便于进行更灵活的工作站查看。

(1) 工作站中工业机器人的运行视频录制

操作步骤如图 2-108~图 2-112 所示。

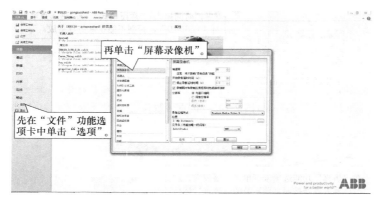

图 2-108 选择屏幕录像机

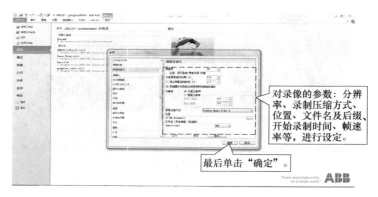

图 2-109 屏幕录像机参数设置

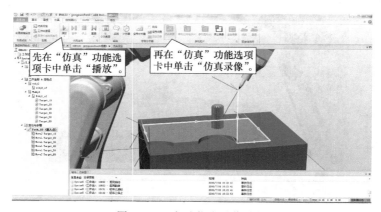

图 2-110 启动仿真录像功能

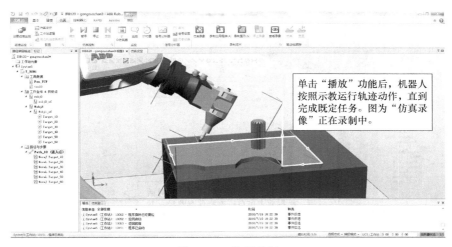

图 2-111 仿真录制

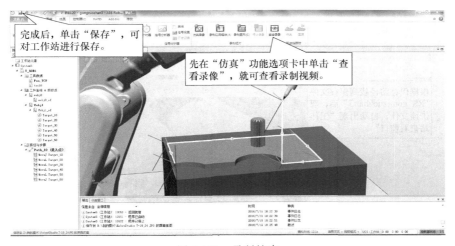

图 2-112 录制结束

（2）将工作站运行只作为 EXE 可执行文件

操作步骤如图 2-113～图 2-116 所示。

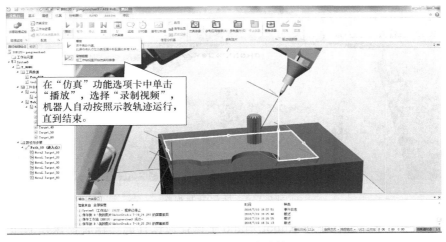

图 2-113 录制播放功能

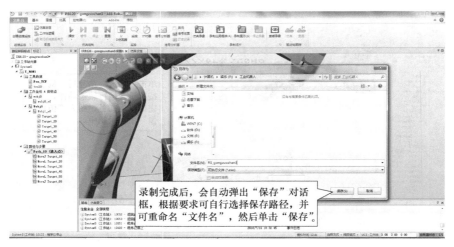

图 2-114 录制结束后保存

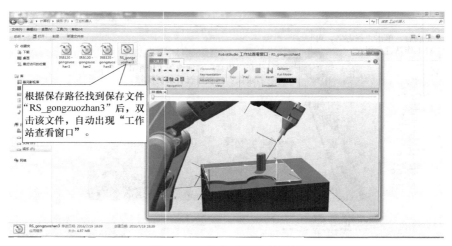

图 2-115 保存后的路径目标

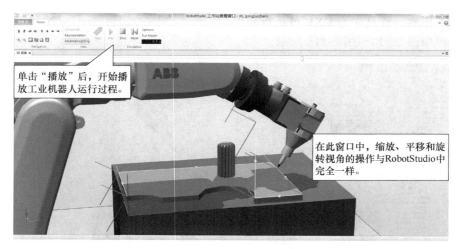

图 2-116 播放录制视频

为了提高各版本的兼容性，在 RobotStudio 中做任何保存的操作时，保存的路径和文件名最好使用英文字符。

# 第3章
# 仿真软件RobotStudio中的建模功能

## 3.1 建模功能的使用

当使用 RobotStudio 进行机器人仿真验证时（如节拍、到达能力、碰撞等），如果对周边模型要求不是非常细致的表述，可以用简单的等同实际大小的基本模型来代替，这样可以节约仿真验证的时间。如图 3-1 所示，如果需要精细的 3D 模型，可以通过第三方建模软件进行建模，并通过 *.sat 格式导入到 RobotStudio 中来完成建模布局。

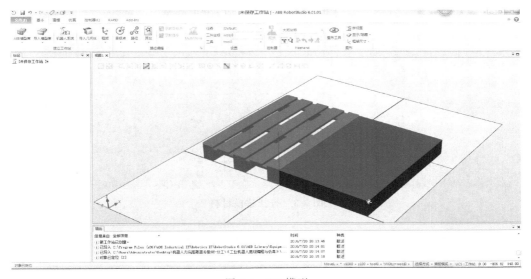

图 3-1　3D 模型

### 3.1.1　RobotStudio 建模

使用 RobotStudio 建模功能进行 3D 模型的创建，3D 建模的过程如图 3-2～图 3-6 所示。

### 3.1.2　对 3D 模型进行相关设置

对 3D 模型进行相关设置如图 3-7～图 3-9 所示，对 3D 模型进行调用如图 3-10～图 3-12 所示。

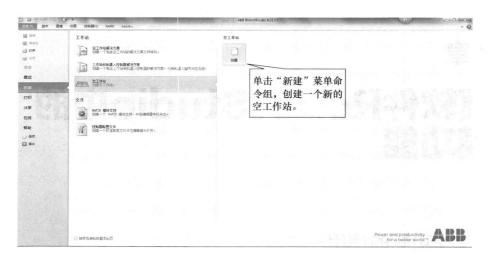

图 3-2　新建工作站

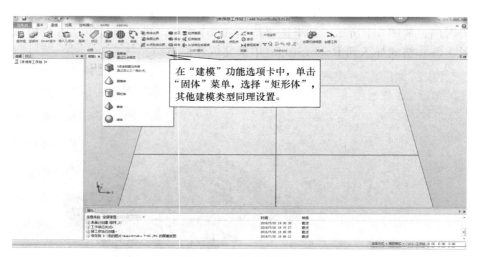

图 3-3　查找建模材料

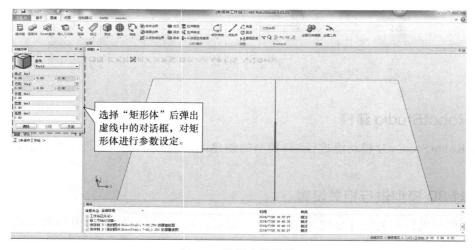

图 3-4　矩形参数设置

第 3 章 仿真软件 RobotStudio 中的建模功能 | 67

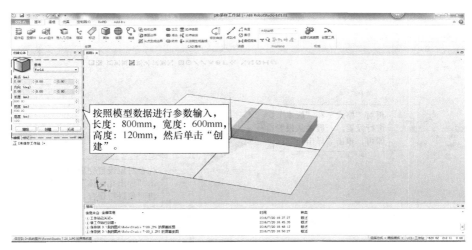

图 3-5 外形尺寸创建完毕

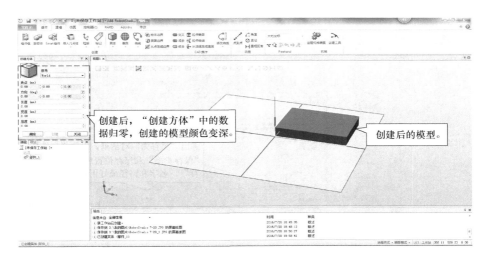

图 3-6 创建后模型颜色变深

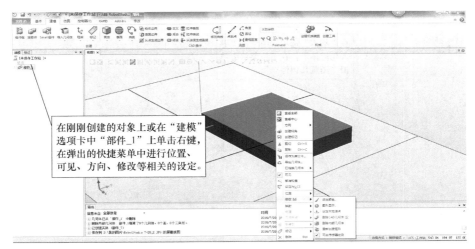

图 3-7 建模设置

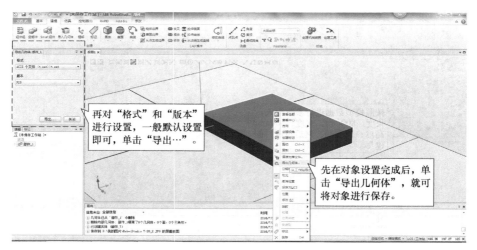

图 3-8　导出几何体

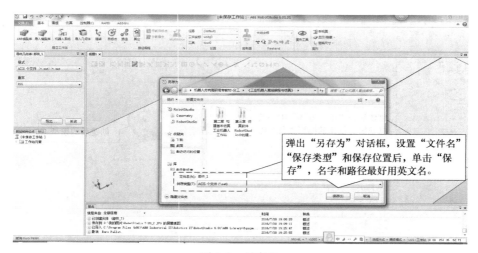

图 3-9　另存为

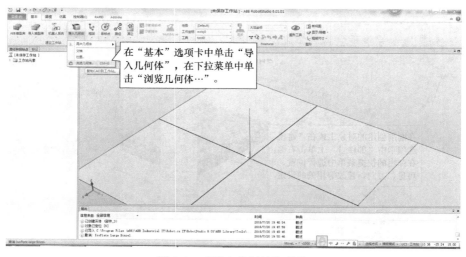

图 3-10　"导入几何体"菜单

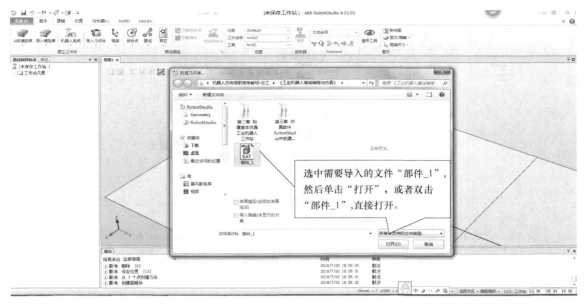

图 3-11　浏览后打开

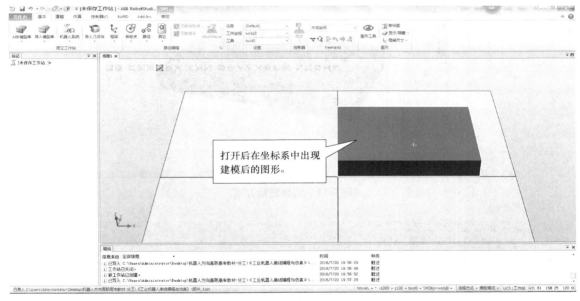

图 3-12　模型调用

## 3.2　测量工具的使用

### 3.2.1　测量矩形体的边长

测量矩形体边长的步骤如图 3-13~图 3-16 所示。

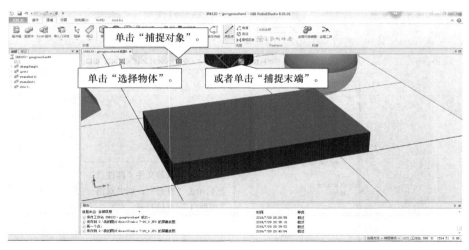

图 3-13　选取捕捉工具

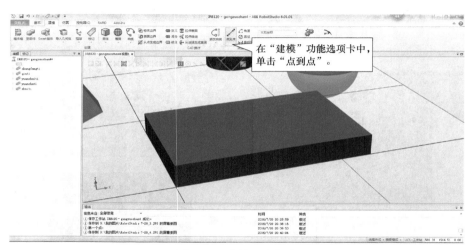

图 3-14　选择测量方式

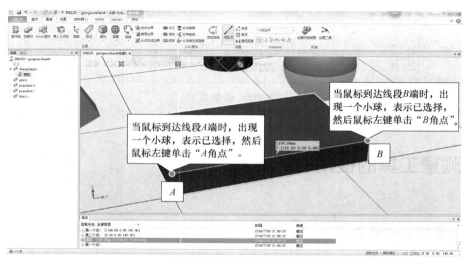

图 3-15　测量实例 1

第 3 章 仿真软件 RobotStudio 中的建模功能

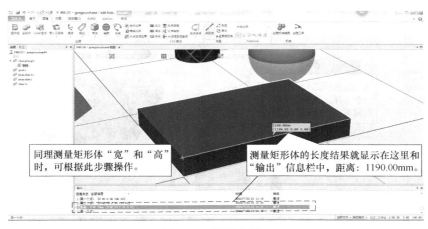

图 3-16 测量实例 2

## 3.2.2 测量锥体的角度

测量椎体顶角和底角的步骤如图 3-17～图 3-22 所示。

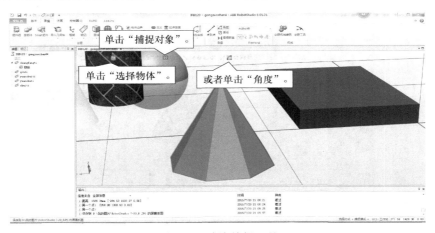

图 3-17 选取捕捉工具

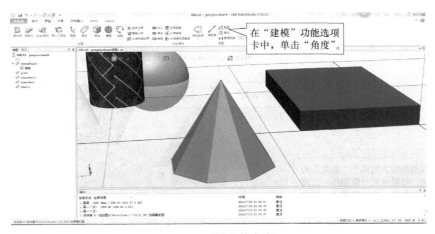

图 3-18 测量锥体角度 1

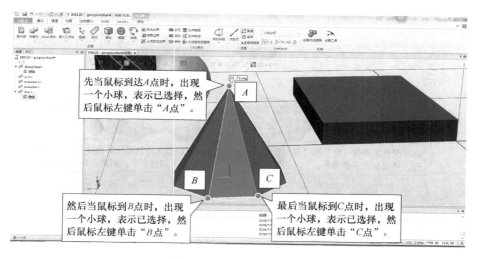

图 3-19　测量锥体角度 2

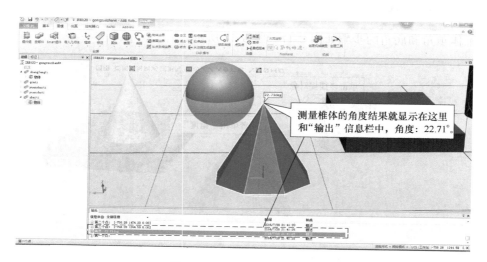

图 3-20　测量锥体角度解读

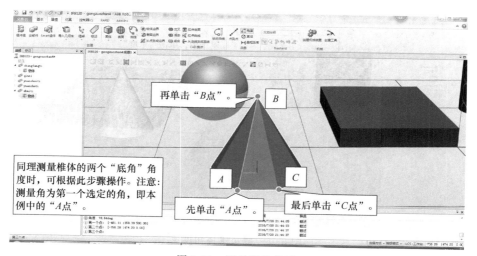

图 3-21　测量底角角度

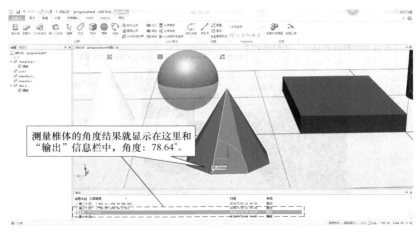

图 3-22　测量信息

## 3.2.3　测量圆柱体的直径

测量圆柱体直径的步骤如图 3-23～图 3-26 所示。

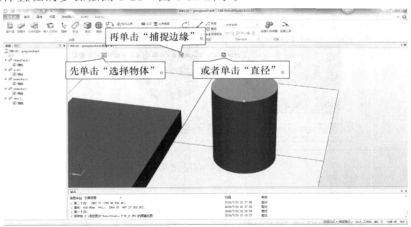

图 3-23　选取圆形的捕捉工具

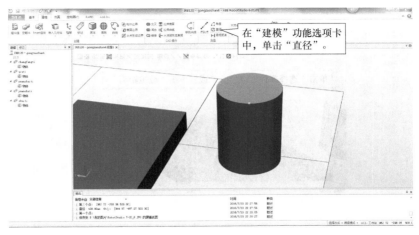

图 3-24　测量工具选"直径"

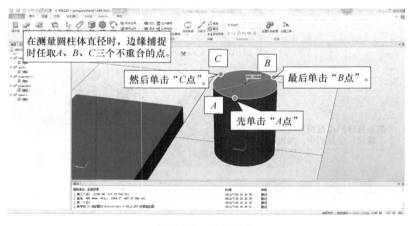

图 3-25 捕捉三点

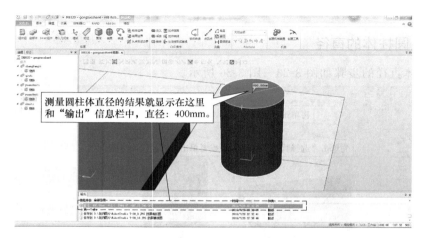

图 3-26 测量结果

### 3.2.4 测量两个物体间的最短距离

测量两个物体间的最短距离步骤如图 3-27～图 3-29 所示。

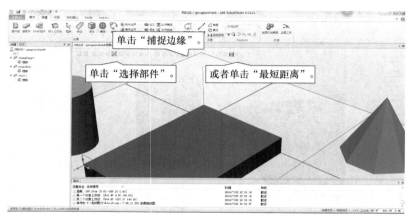

图 3-27 距离捕捉工具

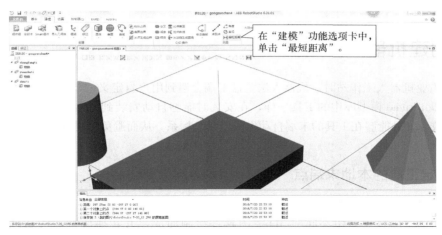

图 3-28　最短距离

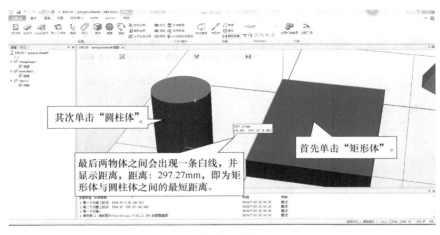

图 3-29　测量

测量时要注意一些技巧，主要体现在能够运用各种选择部件和捕捉模式，能正确地进行测量，这就需要大量练习，熟练掌握其中的技巧，如图 3-30 所示。

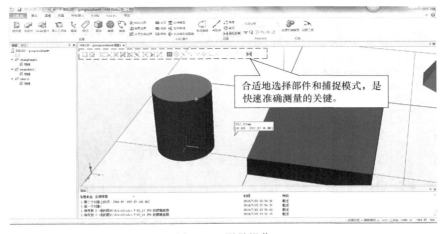

图 3-30　测量操作

## 3.3 创建机器人用工具

在构建工业机器人工作站时，机器人法兰盘末端会遇到用户自定义的工具，使用者希望用户工具能像在 RobotStudio 模型库中的工具一样，在安装时能够自动安装到机器人的法兰盘末端并保证坐标方向一致，并且能够在工具的末端自动生成工具坐标系，从而避免工具方面的仿真误差。

### 3.3.1 设定工具的本地末端点

（1）导入工具

用户自定义的 3D 模型由不同的 3D 绘图软件绘制而成，并转换成特定的文件格式，导入到 RobotStudio 软件中会出现图形特征丢失的情况。设定工具的本地坐标原点的具体步骤如图 3-31～图 3-40 所示。在图形处理过程中，为了避免工作站地面特征影响视线和捕捉，因此先隐藏地面设定。

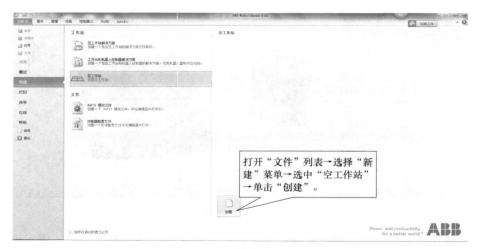

图 3-31　创建新文件

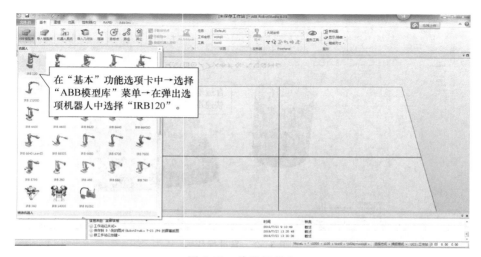

图 3-32　放置机器人

第 3 章　仿真软件 RobotStudio 中的建模功能 | 77

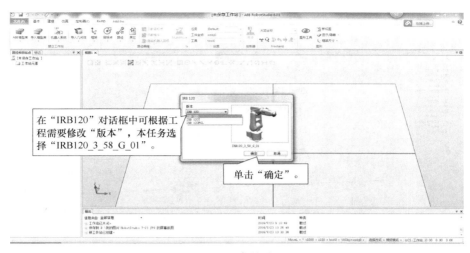

图 3-33　参数设置

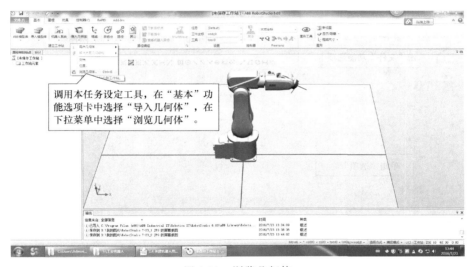

图 3-34　浏览几何体

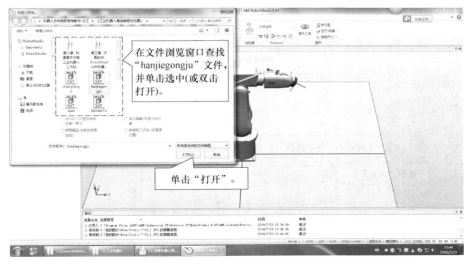

图 3-35　文件资料

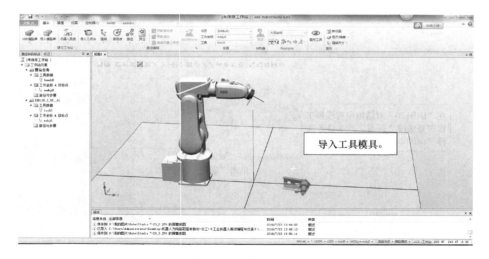

图 3-36　导入工具

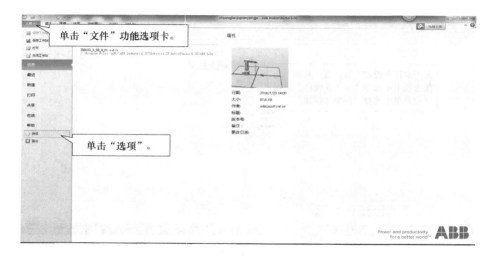

图 3-37　文件选项设置

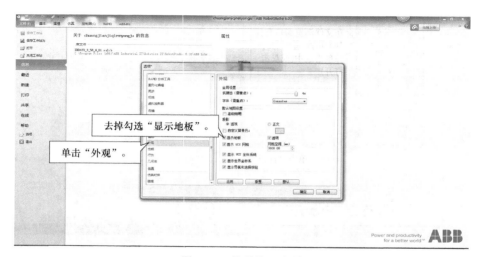

图 3-38　外观设置选项

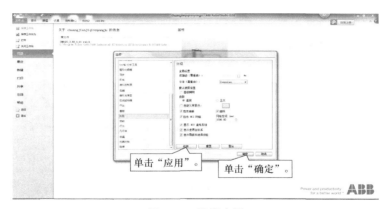

图 3-39　设置应用

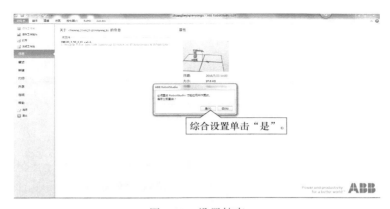

图 3-40　设置结束

(2) 安装工具

工具模型的本地坐标系与机器人法兰盘坐标系 tool0 重合，工具末端的工具坐标系框架即作为机器人的工具坐标系，所以需要对此工具模型做两步图形处理。

首先在工具法兰盘端创建本地坐标系框架，之后在工具末端创建工具坐标系框架。这样自建的工具就有了跟系统库里默认的工具同样的属性了。

先来放置一个工具模型的位置，使其法兰盘所在面与大地坐标系正交，便于处理坐标系方向。其操作如图 3-41～图 3-51 所示。

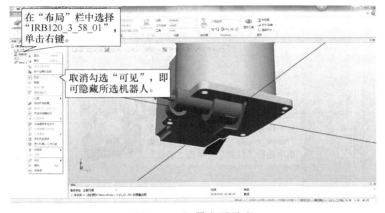

图 3-41　机器人可见度

# 80 | 工业机器人离线编程与仿真

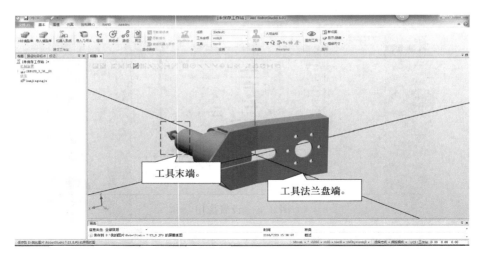

图 3-42　工具判断

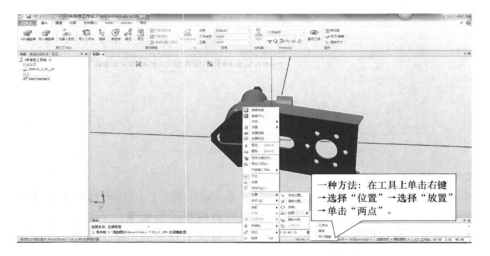

图 3-43　方法一

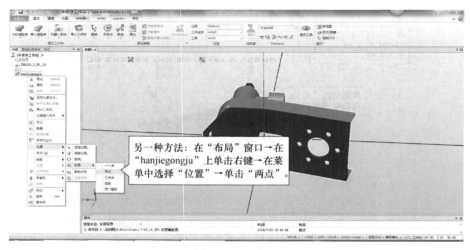

图 3-44　方法二

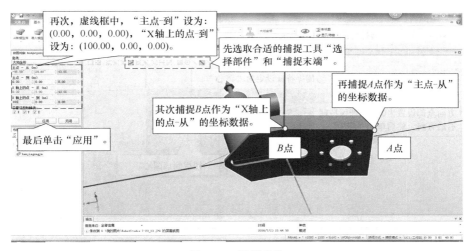

图 3-45　设置参数

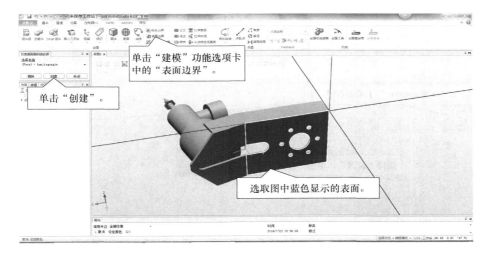

图 3-46　捕捉工具表面

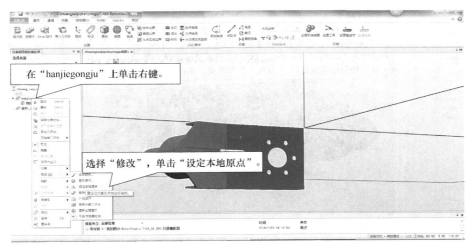

图 3-47　设定原点

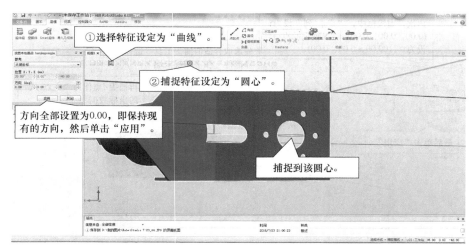

图 3-48　设定位置 1

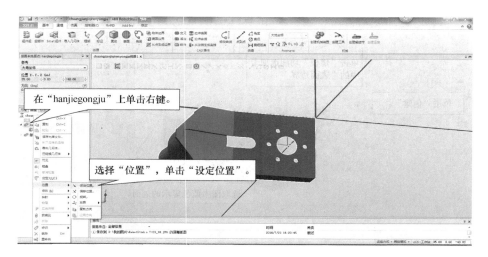

图 3-49　设定位置 2

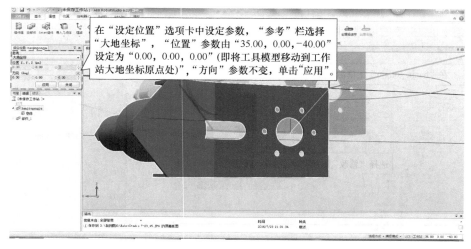

图 3-50　设定位置 3

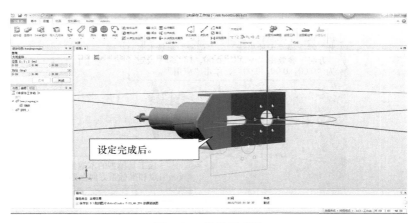

图 3-51　设置完成后

(3) 坐标系的设置

工具模型的本地坐标系的原点已经设置完成，但是本地坐标系的方向仍需要设置，这样才能保证工具安装到机器人法兰盘末端时能够保证其工具姿态也是所需要的。对设置工具本地坐标系的方向，多数情况下可参考：工具法兰盘表面与大地水平重合，工具末端位于大地坐标系 $X$ 轴负方向，如图 3-52～图 3-54 所示。

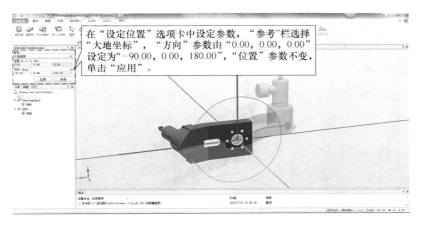

图 3-52　设定参数

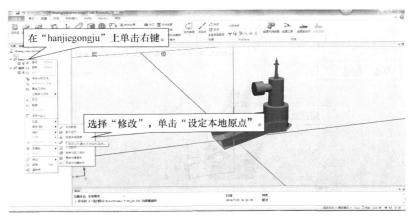

图 3-53　设定本地原点

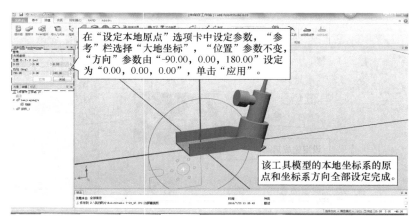

图 3-54　设定位置

## 3.3.2　创建工具坐标系框架

在图 3-55 所示的虚线框位置创建一个坐标系框架，目的是在以后的操作中将此框架作为工具坐标系框架使用。操作步骤如图 3-56～图 3-63 所示。

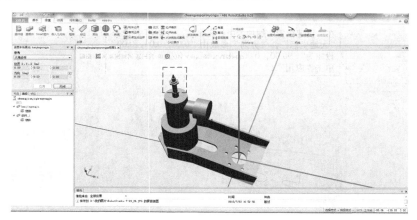

图 3-55　调用工具

图 3-56　创建工具表面边界

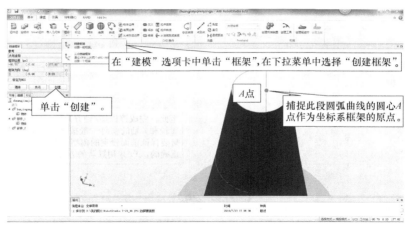

图 3-57 创建框架

生成的框架如图 3-58 所示，接着设定坐标系的方向，一般期望的坐标系的 Z 轴是与工具末端表面垂直的。

在 RobotStudio 中的坐标系，蓝色表示 Z 轴正方向，绿色表示 Y 轴正方向，红色表示 X 轴正方向。因该工具模具末端表面丢失，所以捕捉不到，但是可以选择图 3-59 中所示表面，因为此表面与期望捕捉的末端表面是平行关系。

图 3-58 设定表面的法线方向

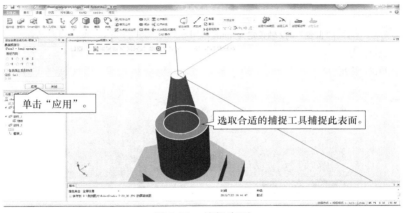

图 3-59 捕捉表面

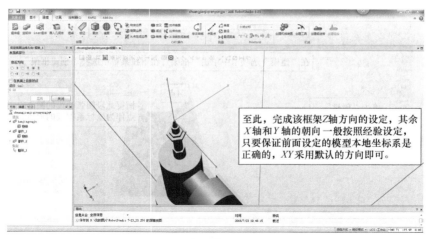

图 3-60　建立模型本地坐标系

在实际工程应用过程中，工具坐标系原点一般与工具末端有一定距离，如焊枪中的焊丝伸出的距离，或者激光切割枪、涂胶枪要与加工表面保持一定距离等。只需要将此框架沿着其本身的 Z 轴正向移动一定距离就能满足实际需要。

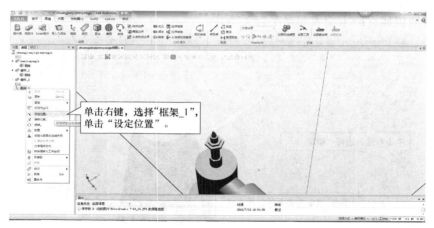

图 3-61　设定位置

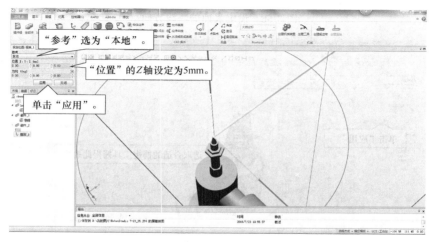

图 3-62　参数设置

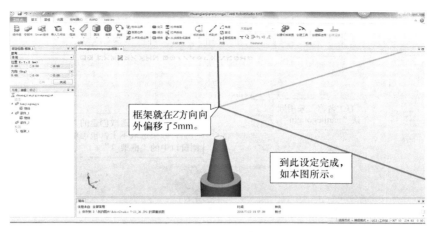

图 3-63　坐标平移

### 3.3.3　创建工具

创建工具的步骤如图 3-64～图 3-72 所示。

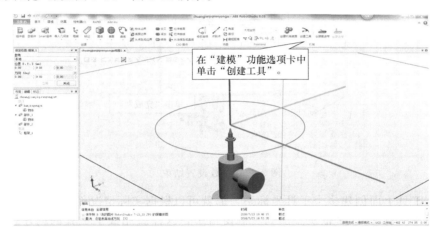

图 3-64　建模

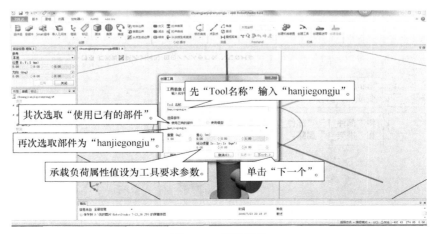

图 3-65　创建工具

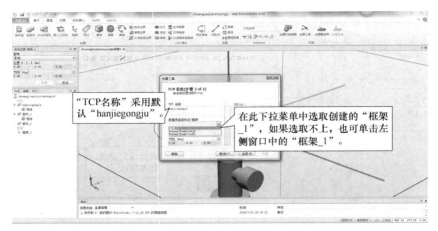

图 3-66　TCP 参数设置

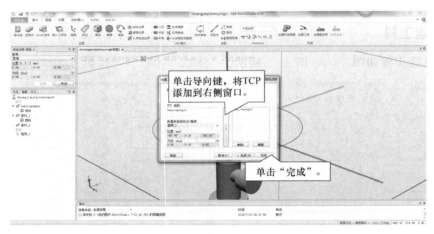

图 3-67　参数设置结束

如果一个工具上面创建多个工具坐标系，那就可以根据实际情况创建多个坐标系框架，然后在此视图中将所有的 TCP 依次添加到右侧窗口中，这样就完成了工具的创建过程，接着可以把创建的过程中所创建的辅助图形删掉。

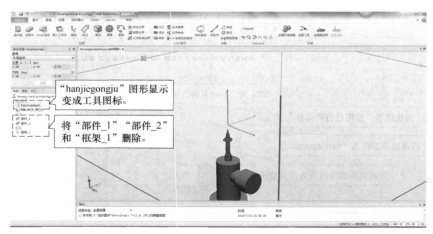

图 3-68　删除创建的辅助图形

第 3 章 仿真软件 RobotStudio 中的建模功能 | 89

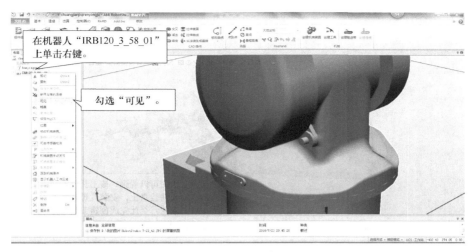

图 3-69 机器人设置为"可见"

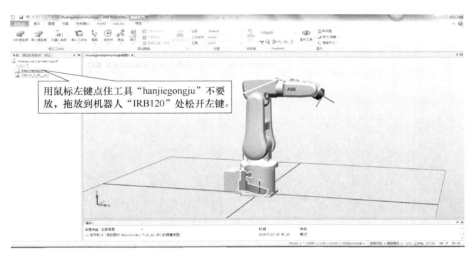

图 3-70 工具准备

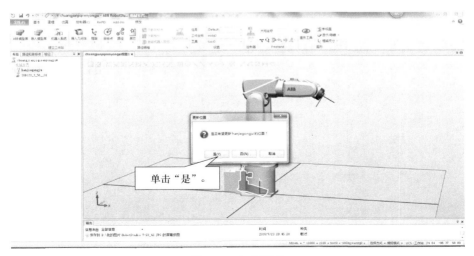

图 3-71 加载工具

# 90 | 工业机器人离线编程与仿真

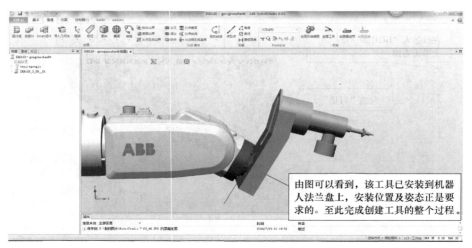

图 3-72 安装位置

# 第 4 章
# 机器人离线轨迹编辑

## 4.1 创建机器人离线轨迹曲线及路径

在工业机器人轨迹应用过程中，如切割、涂胶、焊接等，常会需要处理一些不规则曲线，通常的做法是采用描点法，即根据工艺精度要求去示教相应数量的目标点，从而生成机器人的轨迹，此种方法费时费力且不容易保证轨迹精度。图形化编辑器即根据 3D 模型的曲线特征，自动转化为机器人的运行轨迹，此方法省时省力且容易保证轨迹精度。在本任务中就来学习一下根据三维模型曲线特征，如何利用 RobotStudio、RobotArt 两种离线编程软件的自动路径功能，自动生成机器人激光切割的运行轨迹路径。

### 4.1.1 RobotStudio 离线编程软件的自动路径功能实现步骤

（1）创建机器人激光切割曲线

建立工作站，如图 4-1 所示。

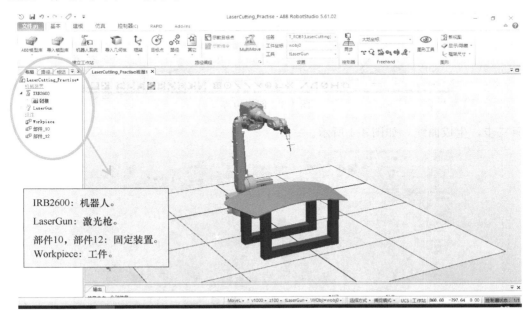

图 4-1 机器人工作站

本任务要求完成一个激光切割任务，机器人需要沿着工件的外边缘进行切割，运行轨迹为 3D 曲线，可根据现有工件的模型生成机器人的运动轨迹，进而完成整个轨迹调试并模拟仿真运行。操作过程步骤如下。

第一步，在"建模"功能选项卡中单击"表面边界"，如图 4-2 所示。

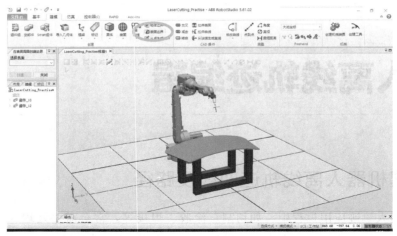

图 4-2　选择表面边界

第二步，"选择工具"选为"表面"，选择工件上表面，单击"创建"，如图 4-3 所示。

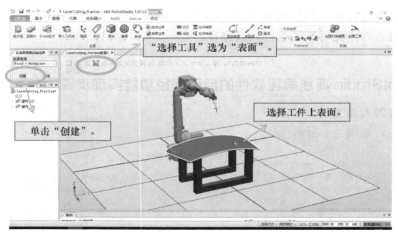

图 4-3　创建边界

第三步，生成曲线，如图 4-4 所示。

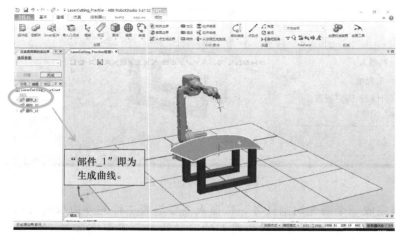

图 4-4　曲线生成

(2) 生成机器人激光切割路径

下一步生成机器人的运行轨迹。首先要建立用户坐标系，才能进行编程和路径的修改。用户坐标系的创建一般以固定装置的特征点为基准。实际应用中，以固定装置上的定位销为基准，建立用户坐标系，这样可以保证定位的精度。

① 创建工件坐标系　机器人创建工件坐标系步骤如图 4-5～图 4-7 所示。

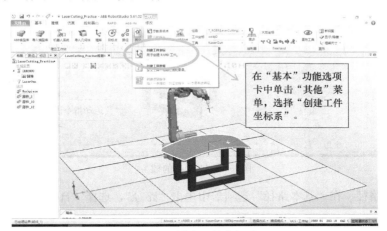

图 4-5　创建工件坐标系

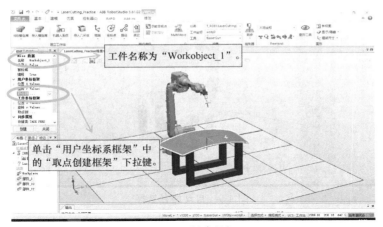

图 4-6　创建框架

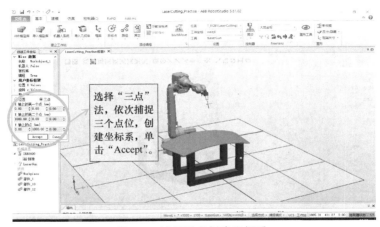

图 4-7　捕捉三点创建坐标系

② 确定坐标系　单击"创建",就能建立如图4-8所示坐标系。

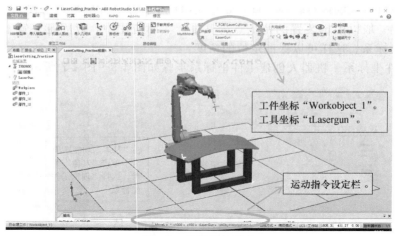

图4-8　坐标系的建立

③ 选择自动路径　在"基本路径"选项卡中单击"路径",选择"自动路径",如图4-9所示。

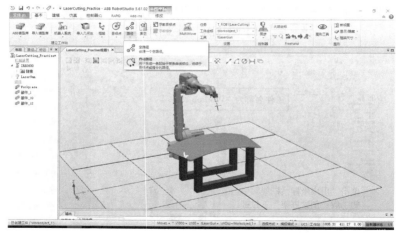

图4-9　自动路径选择

④ 捕捉"曲线"　下面选择捕捉工具中的"曲线",捕捉之前所创建的曲线,如图4-10所示。

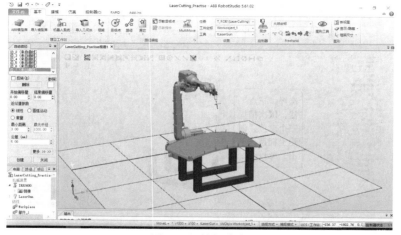

图4-10　捕捉曲线

⑤ 捕捉"表面" 接着选择捕捉工具"表面",捕捉工件上表面,然后在参照面中单击,如图 4-11 所示。

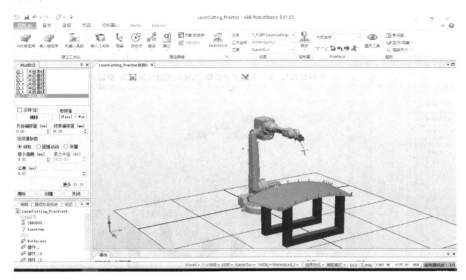

图 4-11 捕捉曲面

⑥ "自动路径"选项卡 "自动路径"选项卡具有如下功能。

a. 反转:轨迹运动方向置反,默认为顺时针运行,反转后为逆时针运行。

b. 参照面:生成目标点的 Z 轴方向与选定表面处于垂直状态。

c. 线性:为每个目标点生成线性指令,圆弧作为分段线性处理。

d. 圆弧运动:在圆弧特征处生成圆弧指令,在线性特征处生成线性指令。

e. 常量:生成具有恒定间距的点。

f. 最小距离:设置生成点之间的最小距离。

g. 最大半径:在将圆弧视为直线前确定圆的半径大小。

h. 弧差:设置生成点所允许的几何描述的最大偏差。

本章中,参数的设定最后如图 4-12 所示,下一步单击自动路径下的"创建"。

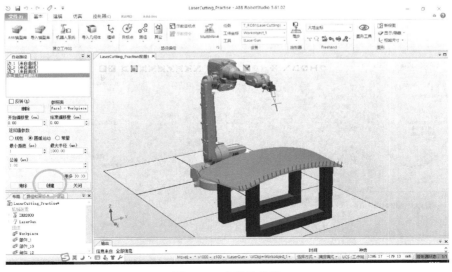

图 4-12 参数的设置

在实际任务中，需要根据具体情况，选择合适的近似值参数，一般选择"圆弧运动"，这样无论圆弧、直线，还是不规则曲线，都可以执行自己相应的运动；而"线性运动"和"常量"都是固定模式，使用不当会使路径精度不满足工艺要求。

设定完成后，自动生成了机器人路径 Path_10，如图 4-13 所示。

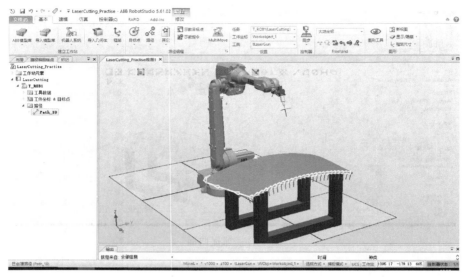

图 4-13　机器人路径 Path_10

## 4.1.2　RobotArt 离线编程软件的自动路径功能实现步骤

（1）创建机器人工作站

本任务要求完成一个涂胶任务，机器人需要沿着油盘的外边缘涂胶作业，运行轨迹为 3D 曲线。要完成本任务，首先要导入机器人、工具和工件，接着可根据导入的工件模型生成机器人的运动轨迹，进而完成整个轨迹调试并模拟仿真。

因此，需要首先建立如图 4-14 所示的工作站。

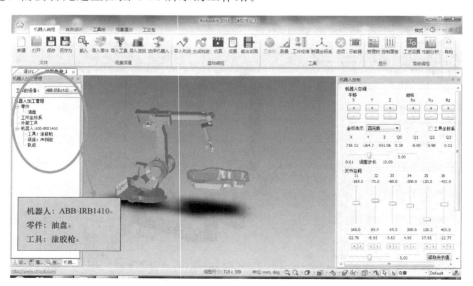

图 4-14　RobotArt 机器人工作站

第一步，在"机器人编程"功能选项卡中单击"选择机器人"，选择 ABB-IRB1410 型号机器人，插入机器人模型之后，如图 4-15 所示。

图 4-15　插入机器人模型

第二步，在"机器人编程"功能选项卡中单击"导入工具"，选择涂胶枪，如图 4-16 所示。

图 4-16　导入涂胶枪

第三步，在"机器人编程"功能选项卡中单击"导入零件"，选择油盘，并且利用三维球工具，将油盘移动到合适位置，如图 4-17、图 4-18 所示。

此时，机器人工作站已经建立完成，如果需要与实际位置相对应，还需要经过工件校准、TCP 定义两步，如图 4-19、图 4-20 所示。

工件校准时，需要在设计环境中指定三点，单击"指定"按钮，在设计环境中选取一个点，重复此操作指定第二、三点，现在需要在实际环境中测量这三点坐标，并将数据输入。单击"对齐"后关闭对话框，工件校准完毕。

图 4-17　导入油盘效果

图 4-18　油盘移动后效果

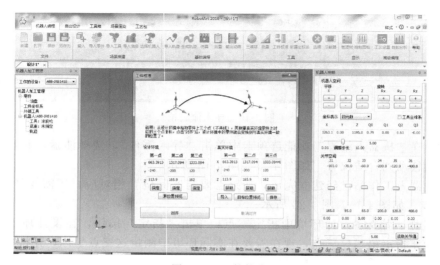

图 4-19　工件校准

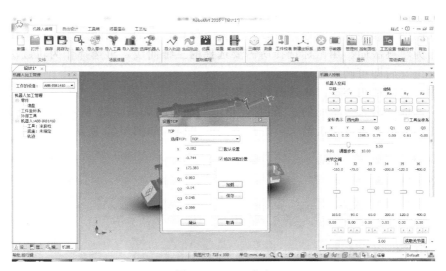

图 4-20　TCP 定义

TCP 定义时，选择在使用的工具，右键点击，弹出如图 4-20 所示的 TCP 属性对话框，将测量得到的值依次输入，点击应用。输入后可将这组数据保存，也可直接加载上次保存的数据。

（2）生成机器人涂胶操作的路径

第一步，在"机器人编程"功能选项卡中单击"生成轨迹"，会出现如图 4-21 所示画面。

图 4-21　生成轨迹画面

生成路径的类型选项里有 5 个选项可供选择，用以辅助完成轨迹的设计。"拾取元素"选项里显示的是用户选择的用以辅助寻找轨迹的点线面。

在这里，重点介绍一下沿着一个面的一条边和曲线特征两个选项。

类型 1：沿着一个面的一条边。

该类型也是通过将三维模型的某个面的边的轨迹路径，选择面作为轨迹的法向。该类型经通过制定的一条边和其轨迹方向加上提供轨迹法向的平面来确定轨迹。选择完类型后，用鼠标先选择所需要生成的轨迹中的一段平面的边，并选择轨迹方向（点击小箭头可以更换方向）。完成后点击确定，轨迹路径将会被自动生成出来。

类型2：曲线特征。

曲线特征由曲线加面生成轨迹，可以实现完全设计自己的空间曲线作为轨迹路径，选择面或独立方向作为轨迹法向。用鼠标选择所需要选择的三维曲线，再选择作为轨迹法向的一个平面，单击"确定"后即可确定轨迹。

在本章中，可以选用类型1来进行路径规划。

第二步，选取"沿着一个面的一条边"，拾取一条线，如图4-22所示，图中黄色箭头标明了机器人轨迹的方向，可以单击箭头，进行方向的更换，如图4-23所示。

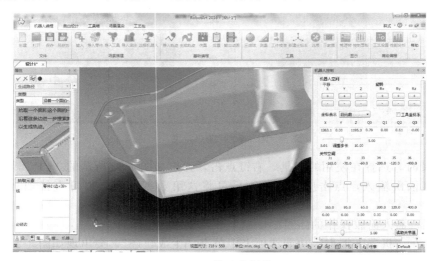

图4-22 拾取线操作

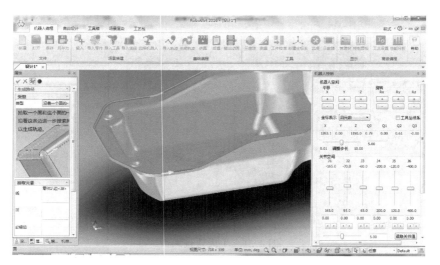

图4-23 更换轨迹方向

第三步，选取"沿着一个面的一条边"，拾取一个与上一操作相关的面，如图4-24所示。

第四步，单击 ✓ ✗ 🔍 ● 中的对号，会出现如图4-25所示画面。

图4-25中，可以看到左侧轨迹出现下拉框，生成了加工轨迹1，油盘的外边缘出现一排小的坐标系，这是轨迹点的法向坐标系。

右键单击"沿着一个面的一条边"，单击"修改特征"，可以修改步长值，如图4-26所示，默认步长为10mm。同时，如果把"仅为直线生成首末点"勾掉，就会出现如图4-27效果。

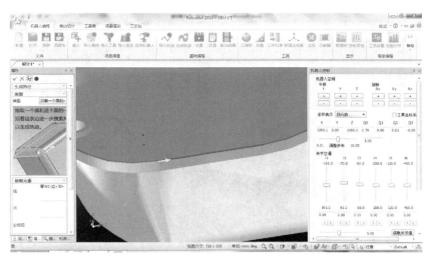

图 4-24 拾取面操作

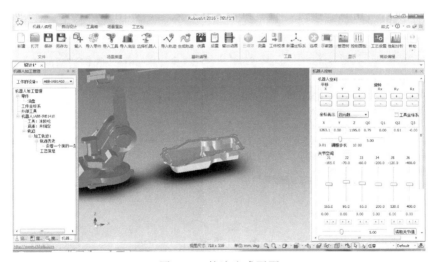

图 4-25 轨迹生成画面

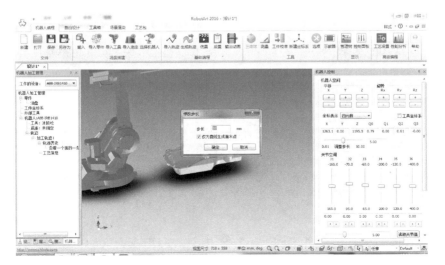

图 4-26 步长修改操作

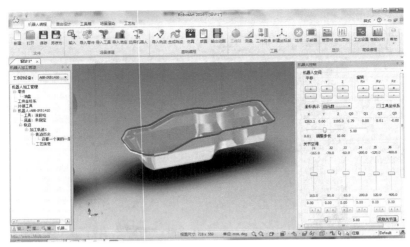

图 4-27 修改特征之后的效果

接着就可以单击"仿真"按键,查看机器人运行效果,如图 4-28、图 4-29 所示。

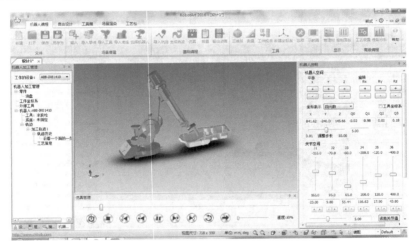

图 4-28 机器人仿真效果图 1

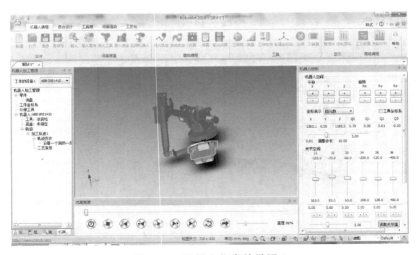

图 4-29 机器人仿真效果图 2

通过两张效果图的对比，会发现机器人的姿态很不规范，工具的方向一直在变化，因此不能达到预期的效果，需要对机器人的姿态、位置进行调整。

## 4.2 机器人目标点调整及轴配置参数

前面的任务给机器人设定了路径，但是由于部分目标点机器人还难以到达，机器人还不能按此轨迹运行。下面来介绍一下如何修改目标点的姿态，进一步完善程序。

### 4.2.1 RobotStudio 离线编程软件的轨迹调整

（1）机器人目标点的调整

第一步，查看任务中自动生成的目标点，单击"路径和目标点"选项卡，依次单击 T_ROB1、工件坐标 & 目标点、Workobject_1、Workobject_1_of，即可看到自动生成的各目标点，如图 4-30 所示。

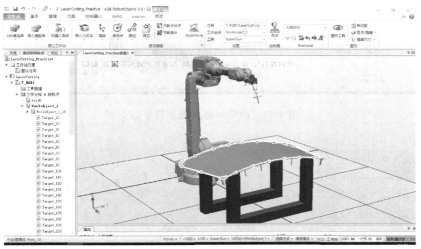

图 4-30　查看任务目标点

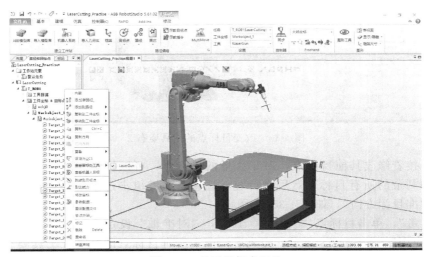

图 4-31　显示目标点工具

第二步，在目标点位置处显示工具，右键单击目标点"Target_100"，选择"查看目标处工具"，勾选本工作站中的工具名称"LaserGun"，如图4-31所示。

第三步，改变目标点的工具姿态。Target_100处工具姿态，机器人难以到达，需要改变目标点工具姿态。右键单击目标点"Target_100"，选择"修改目标"，选择"旋转"，如图4-32所示。

只需要使该目标点绕着本身的Z轴旋转−90°即可。"参考"选择"本地"，勾选"Z"，输入"−90"，单击"应用"，如图4-33所示。完成后，如图4-34所示。

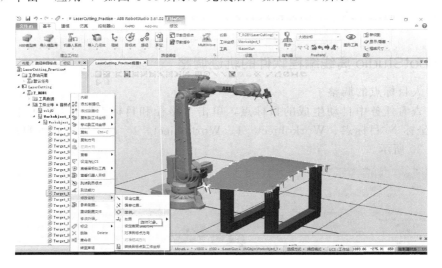

图4-32　改变目标点的工具姿态1

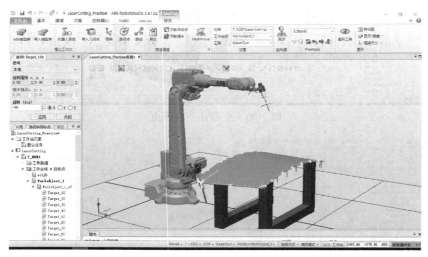

图4-33　改变目标点的工具姿态2

第四步，接着修改其他目标点，对于大量的目标点，可以批量处理。利用"Shift"＋鼠标左键，选中剩余的所有目标，然后进行统一调整，右键单击选中的目标点，单击"修改目标"中的"对准目标方向"，如图4-35所示。

单击"参考"，单击目标点"Target_100"，"对准轴"设定为"X"，"锁定轴"设定为"Z"，单击"应用"，如图4-36所示。完成后，选中所有目标点即可查看工具姿态，如图4-37所示。

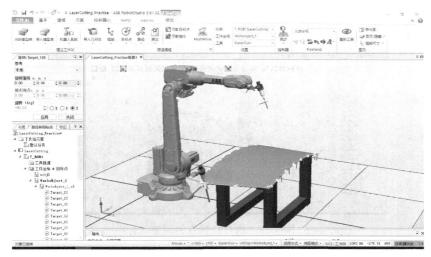

图 4-34 改变目标点的工具姿态 3

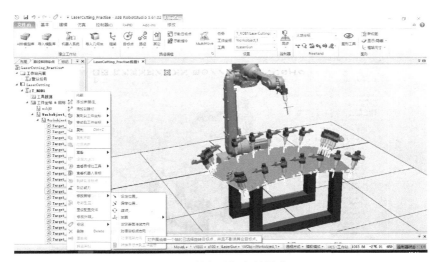

图 4-35 所有目标点的调整 1

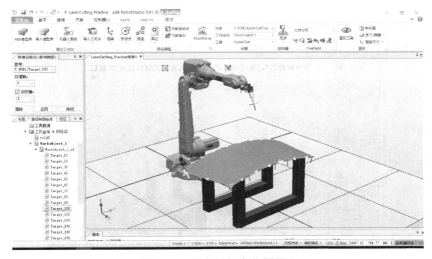

图 4-36 所有目标点的调整 2

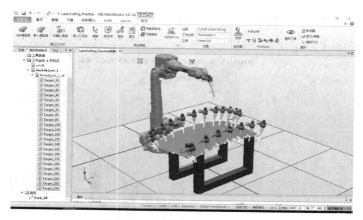

图 4-37　所有目标点的调整 3

（2）轴配套参数的调整

机器人到达目标点，可能存在多种关节组合情况，需要为自动生成的目标点调整轴配套参数，如图 4-38 所示。

右键单击"Target_100"，单击"参数配置"。

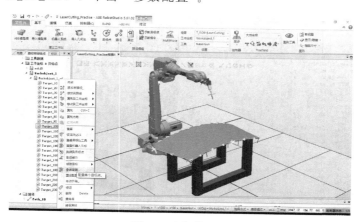

图 4-38　参数配置

如果机器人能够到达目标点，在轴配套列表中可以看到该目标点的轴配套参数，如图 4-39 所示。

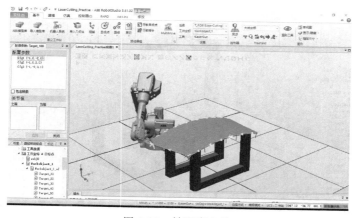

图 4-39　轴配套参数

选择轴配套参数时，可以查看该属性框中"关节值"中的数值。
① 之前：目标点原先配置对应的各关节轴度数。
② 当前：当前勾选轴配套所对应的各关节轴度数。

本任务中，暂时使用默认的第一种轴配套参数，单击"应用"。单击"路径"，右键单击"Path_10"，选择"配置参数"中的"自动配置"。如图4-40、图4-41所示。

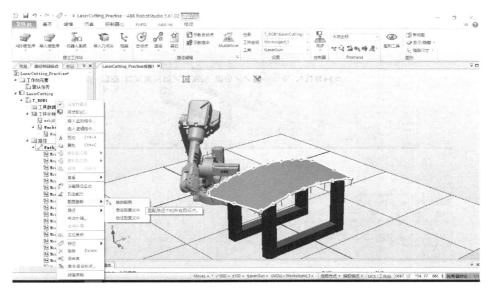

图4-40 自动配置参数

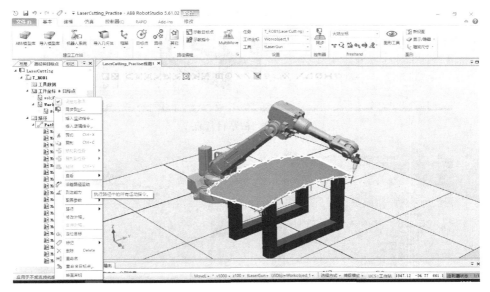

图4-41 机器人沿路径运动

（3）完善程序并仿真运行

完善程序需要加入轨迹起始接近点、轨迹结束离开点、安全位置点。

第一步，新设置目标点为起始接近点，右键单击"Target_10"，选择复制，如图4-42所示。右键单击"Workobject_1"，选择"粘贴"，如图4-43所示。将复制目标点改名为"Start"，右键单击"Start"选择修改目标中的"偏移位置"，如图4-44所示。

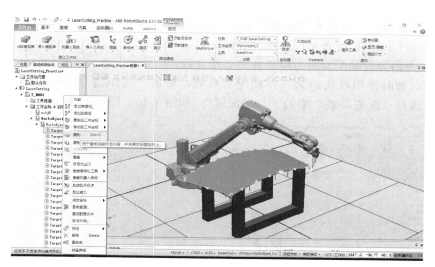

图 4-42　复制目标点

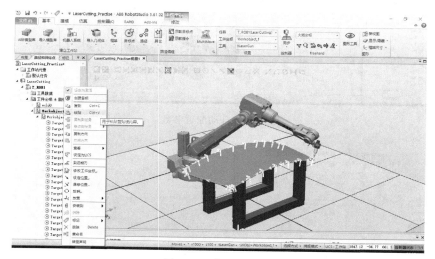

图 4-43　粘贴目标点

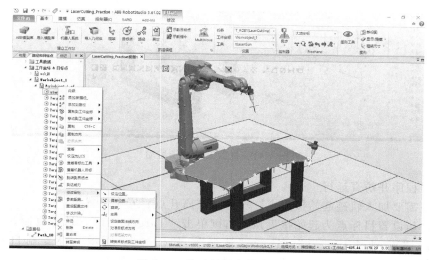

图 4-44　修改目标点偏移位置

第二步，修改偏移位置，如图 4-45 所示，将 Z 轴输入 -100，单击"应用"。将该目标点添加到路径 Path_10 的第一行，如图 4-46 所示。

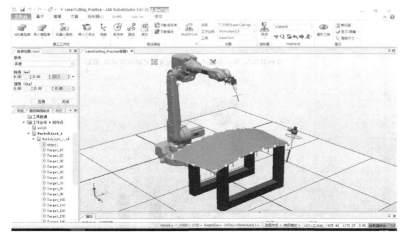

图 4-45　修改偏移位置参数

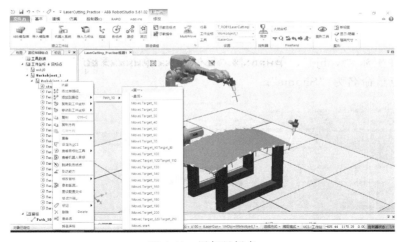

图 4-46　添加目标点

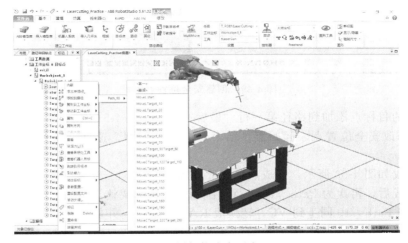

图 4-47　添加轨迹离开点 leave

第三步，添加轨迹离开点 leave，可参考上述步骤，最后添加至最后一行即可，如图 4-47 所示。

第四步，添加安全位置点 Shome，为了方便，直接将机器人默认位置点设置为 Shome 点。首先右键单击机器人，单击"回到机械原点"，如图 4-48 所示。

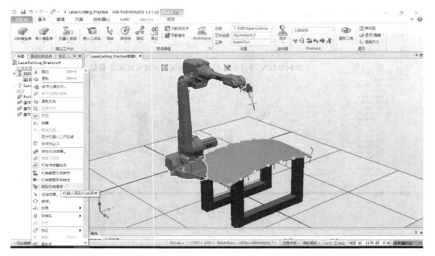

图 4-48　机器人回到机械原点

① 选中工件坐标"wobj0"，单击示教"目标点"，单击"添加""创建"，如图 4-49、图 4-50 所示，可将点重命名为"Shome"。

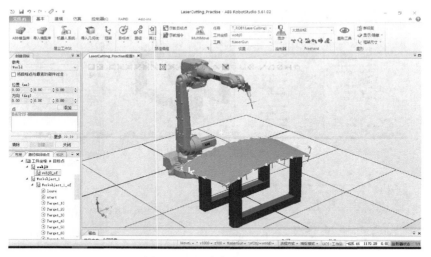

图 4-49　创建安全位置点 1

② 将生成的目标点添加到路径第一行、最后一行，如图 4-51 所示。

第五步，修改安全位置点、起始点、结束点的运动类型、速度、转弯半径等参数。如图 4-52 所示。

① 参数修改如图 4-53 所示，完成后单击"应用"。
② 修改完成后，再次为 Path_10 进行一次轴配套自动调整，如图 4-54 所示。

第六步，将 Path_10 同步到 VC，转换成 RAPID 代码，并仿真运行。如图 4-55 所示。

① 勾选所有同步内容，单击"确定"，如图 4-56 所示。
② 单击仿真选项卡中的"仿真设定"，如图 4-57 所示。

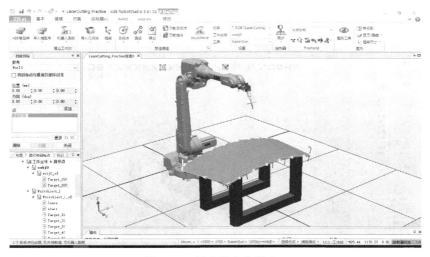

图 4-50　创建安全位置点 2

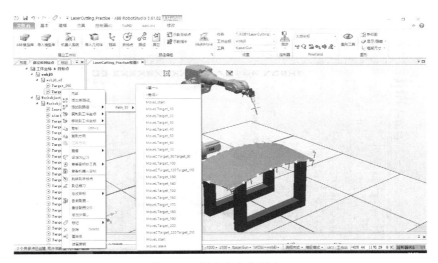

图 4-51　创建安全位置点 3

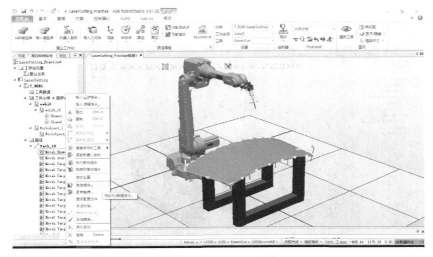

图 4-52　修改参数操作

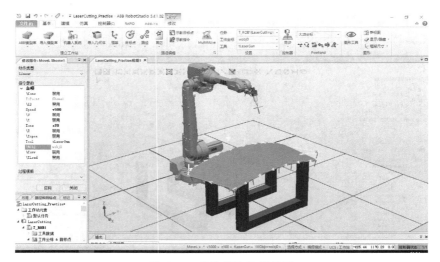

图 4-53　参数修改结果显示

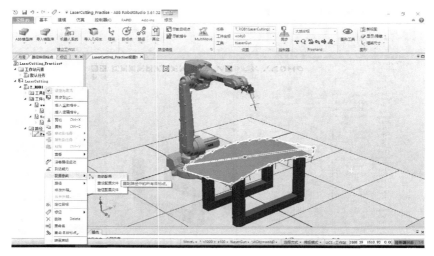

图 4-54　轴配套自动调整

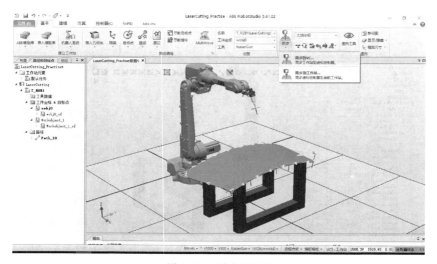

图 4-55　同步到 VC

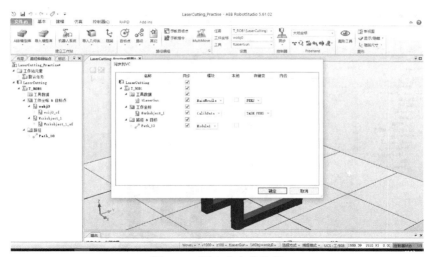

图 4-56 同步内容的选择

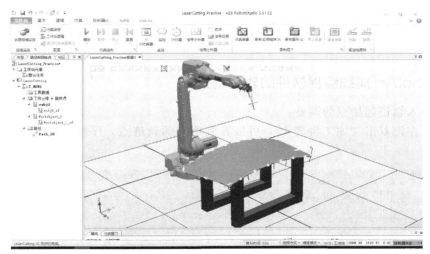

图 4-57 仿真设定

③ 将 Path_10 导入到主队列中，如图 4-58 所示。

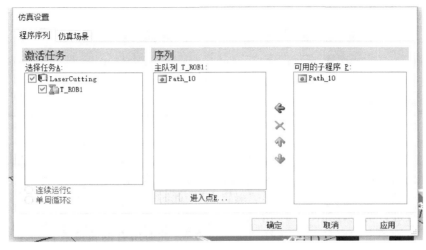

图 4-58 导入路径

④ 执行仿真，查看机器人路径，单击"仿真"功能选项卡中的"仿真"，如图4-59所示。

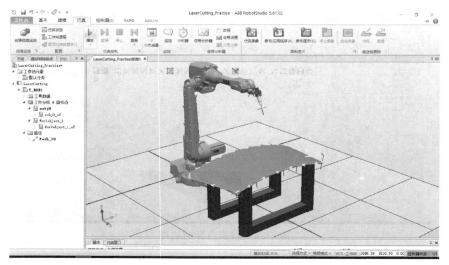

图4-59 播放仿真视频

### 4.2.2 RobotArt离线编程软件的轨迹调整

（1）机器人轨迹起始点的调整

第一步，左键双击"加工轨迹1"，可以看到所有的轨迹点，序号从小到大依次排列，如图4-60所示。

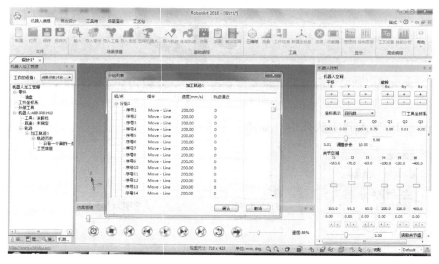

图4-60 轨迹点图

第二步，右键单击"序号1"，选择"运动到点"，会出现如图4-61所示效果。
但是此时会发现，机器人的姿态不是我们需要的，需要对其姿态进行调整。
第三步，右键单击"序号1"，选择"编辑点"，此时会在工具上出现三维球，可以通过三维球对工具位置进行调整，如图4-62所示。
第四步，右键单击"序号1"，选择"统一位姿"，此时所有的轨迹点都与序号1的位姿一致了，如图4-63所示，机器人在序号200的位置与序号1的位置，工具的姿态一致。

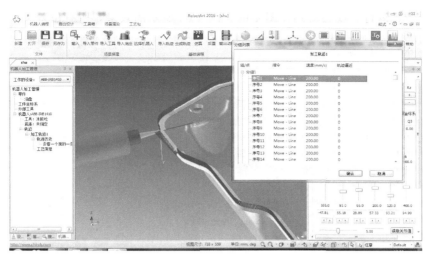

图 4-61　运动到起始点

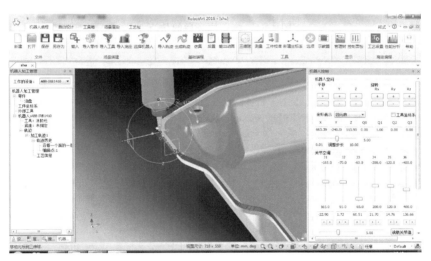

图 4-62　起始点位置调整

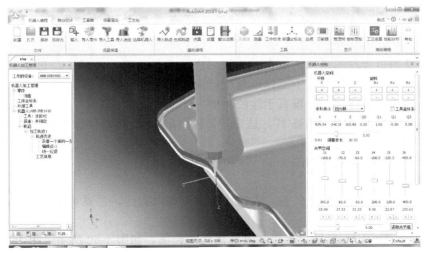

图 4-63　统一位姿操作

此时进行仿真运行，就会看到如图 4-64、图 4-65 所示的效果，所有位置点姿态一致。

图 4-64　统一位姿后的仿真 1

图 4-65　统一位姿后的仿真 2

但是，油盘的边缘并不是规则地在一个平面内，而是高低不平的，经过统一位姿操作后，在由高到低、由低到高操作时，不能保证与涂胶面垂直，有可能导致涂胶不均匀。因此，需要对每个轨迹点的位置进行统一，垂直于涂胶面即可。

第五步，右键单击"加工轨迹 1"，选择"Z 轴固定"，就可以使涂胶枪垂直于涂胶面，如图 4-66、图 4-67 所示。

此时的仿真效果，会呈现如图 4-68 所示的情况。

（2）重新规划

个别情况下，轨迹点会变成红色，表明此轨迹点难以到达，需要重新规划，此时可以使用轨迹优化功能进行调整。

① 右键单击"加工轨迹 1"，选择"轨迹优化"选项，如图 4-69 所示，单击后，会出现如图 4-70 所示画面。

第 4 章　机器人离线轨迹编辑

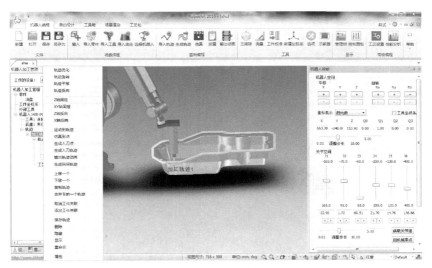

图 4-66　Z 轴固定操作

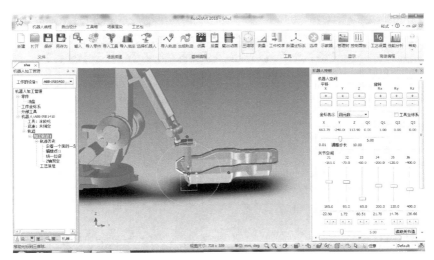

图 4-67　Z 轴固定效果图

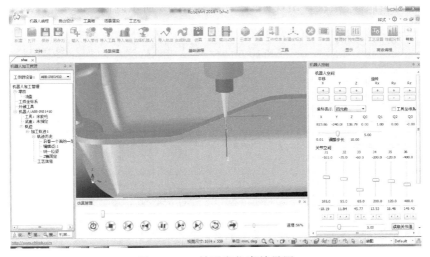

图 4-68　Z 轴固定仿真效果图

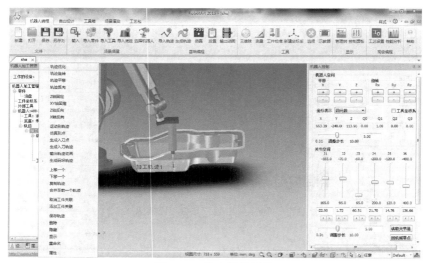

图 4-69　轨迹优化操作

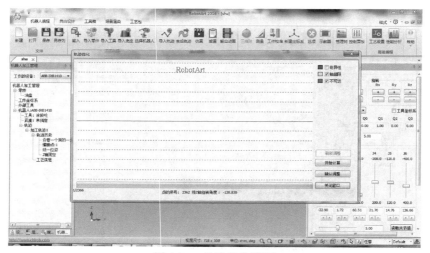

图 4-70　轨迹优化画面

② 单击"开始计算"按键，出现如图 4-71～图 4-73 所示画面。

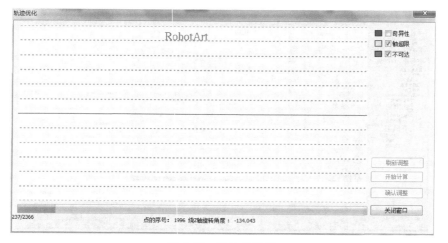

图 4-71　开始计算图

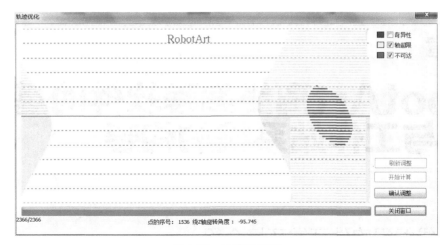

图 4-72　计算效果图

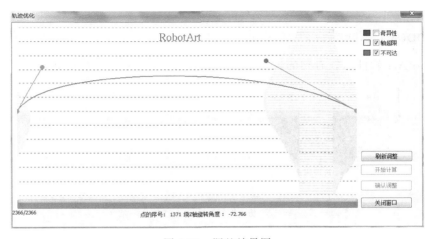

图 4-73　调整效果图

轨迹优化功能采用可视化的方式，方便快捷地调整轨迹点的姿态，避开机器人的奇异位置、轴超限、干涉等。轨迹调整是利用一条曲线调整工具方向的旋转角度，实现对轨迹点的姿态调整，曲线的横坐标为点的编号（从 1 开始编号），纵坐标为工具方向的旋转角度（范围为 $-180°\sim180°$）。中间的水平线为工具方向旋转角度为 $0°$ 的位置和姿态。点击该水平线出现曲线的两个端点和控制曲线在端点处切向。可以选择端点或者曲线切向的控制点，修改曲线的端点或切向。如果不想用调整结果，不选择确认调整，选择关闭窗口，退出轨迹调整。

# 第 5 章
# RobotArt离线编程软件的基本操作与工作站系统的构建

## 5.1 离线编程软件开发环境介绍

### 5.1.1 RobotArt 离线编程软件界面

进入 RobotArt 软件后,看到的软件界面全景如图 5-1 所示。其作用如表 5-1 所示。

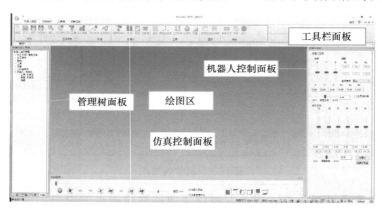

图 5-1 RobotArt 软件界面

表 5-1 RobotArt 离线编程软件界面的构成

| 序号 | 名称 | 说明 |
|---|---|---|
| 1 | 工具栏 | 工具栏面板位于主界面上侧,菜单栏中的菜单项对应不同的工具栏内容,该区域是进行机器人编程操作的主要功能区 |
| 2 | 管理树面板 | 管理树面板位于主界面左侧,在该面板中可以找到与不同设计相关的各种属性值,该面板共有四个选项卡,分别为"设计环境""属性""搜索""机器人加工管理" |
| 3 | 仿真控制面板 | 仿真控制面板位于主界面底侧,是对机器人编程仿真的相关控制操作 |
| 4 | 机器人控制面板 | 机器人控制面板位于主界面右侧,该区域是对机器人及工具的相关控制操作 |
| 5 | 绘图区 | 绘图区是软件操作及编辑的主界面,软件所有操作均反映在绘图区内 |

### 5.1.2 RobotArt 软件界面各部分详细介绍

(1) 命令界面

RobotArt 软件的命令界面包括菜单栏和工具栏。如图 5-2 所示,菜单栏包括"机器人编程""自由设计""工具箱"及"场景渲染",根据所针对对象的不同,可以分为两个大类:机器人编程和三维模型设计。

图 5-2 RobotArt 软件的菜单和工具栏

① "机器人编程"菜单选项卡 该选项功能模块是 RobotArt 软件中用户使用最频繁的菜单,单击该菜单即可出现对应的工具栏。

"机器人编程"菜单选项卡包含文件、工作准备、轨迹、机器人、工具、显示和帮助类别选项。

  a. "文件"选项,包含新建、打开、保存和另存为。
  b. "工作准备"选项,包含输入、导入零件、导入工具和导入底座。
  c. "轨迹"选项,包含导入轨迹、生成轨迹。
  d. "机器人"选项,包含选择机器人、仿真、后置和示教器选项。
  e. "工具"选项,包含选项、新建坐标系、工件校准、三维球和测量。
  f. "显示"选项,包含管理树、控制面板。

"机器人编程"中功能按钮的详细功能如表 5-2 所示。

**表 5-2**   "机器人编程"功能按钮说明

| 项目名称及标识 | 说明 | 项目名称及标识 | 说明 |
| --- | --- | --- | --- |
| 新建 | 新建一个空白的工程文件 | 导入工具 | 在空白的工程文件中导入需要进行作业的工具 |
| 打开 | 打开一个已建立好的工程文件 | 导入底座 | 在空白的工程文件中导入机器人需要的底座 |
| 保存 | 将做好的工程文件进行保存 | 导入轨迹 | 从外部导入一条轨迹。这条外部导入的轨迹可能是自己之前生成的,也可能是别人软件生成的 |
| 另存为 | 可以将做好的工程文件进行另存为 | 生成轨迹 | 在导入的零件上生成需要的轨迹 |
| 输入 | 该功能主要是为了解决从外部导入多种文件后的格式转换。目前软件不仅支持从 Catia、Solidworks、UG、Pro/E、CAXA 等三维建模软件导出的三维文件格式,还支持从电子图版、ACAD 等二维绘图软件导出的二维文件格式 | 选择机器人 | 在空白的工程文件中导入需要工作的机器人 |
| | | 仿真 | 模拟真实机器人的工作路径和姿态 |
| 导入零件 | 在空白的工程文件中导入想要进行加工的零件 | 后置 | RobotArt 通过后置处理生成的运行文件有两种格式,分别是以 .src 和 .dat 为后缀的程序文件。机器人可以直接读取这些程序文件,并进行轨迹加工处理 |

续表

| 项目名称及标识 | 说明 | 项目名称及标识 | 说明 |
| --- | --- | --- | --- |
| 示教器 | 根据所选择的机器人品牌加载相应的模拟示教器,通过示教器功能,离线模拟机器人的示教过程 | 管理树 | 可以对导入的零件、工具、机器人以及生成的轨迹进行操作 |
| 选项 | 通过选项可以对生成的轨迹以及相应的轨迹点进行操作 | 控制面板 | 显示机器人各轴的角度及机器人的坐标 |
| 新建坐标系 | 可以重新建立一个工件坐标系 | 新手向导 | 介绍了一些快捷键和常用功能 |
| 工件校准 | 使虚拟环境中工件的位置和现实环境中工件的位置保持一致 | 帮助 | 软件的各个功能的详述 |
| 三维球 | 在虚拟环境中对工件进行平移及旋转 | 关于 | 产品的说明,版本号和切换账号 |
| 测量 | 测量工件的长度 | | |

②"自由设计"菜单选项 该选项面板的功能模块用于绘制三维模型使用,如图 5-3 所示。

图 5-3 RobotArt 软件的"自由设计"命令界面

③"工具箱"菜单选项 "工具箱"菜单中功能选项用于对机器人、零件等进行定位、检查和基本操作,如图 5-4 所示。

图 5-4 RobotArt 软件的"工具箱"命令界面

图 5-5 RobotArt 软件的"工具箱"命令界面

④ "场景渲染"菜单选项 "场景渲染"提供了丰富的功能,可用于渲染零件、工作台、机器人等场景中的可见物体,利用场景渲染菜单可以把绘图区里的对象进行不同的场景设置,以满足个人的不同喜好,同时还提供了针对整个场景的环境渲染工具,方便做出漂亮的宣传图与动画,如图 5-5 所示。

(2) 模型树界面

RobotArt 软件界面的左侧面板又称模型树界面,面板是以树形结构来显示的,如图 5-6 所示。

① "设计环境" "设计环境"面板如图 5-7 所示,如果该结构树的某个项目左边出现 "+" 或 "—" 号,单击该符号可显示出设计环境中更多/更少的内容。例如,单击某个零件左边的 "+" 号可显示该零件的图素配置和历史信息。

在"设计树"中单击一个对象的名称或图标,被选择的对象的名称会加亮显示,如 ![全局坐标系 X-Y平面]。单击鼠标左键按"Shift"可以选择设计树中多个连续对象,单击鼠标左键按"Ctrl"可以选择设计树中多个不连续对象。

图 5-6 模型树界面

图 5-7 "设计环境"面板

② 属性 "属性"面板如图 5-8 所示,属性面板分为消息、动作、显示设置、渲染设置、选项设置等几项。"属性"面板各功能说明如表 5-3 所示。

③ 搜索 "搜索"面板如图 5-9 所示,在搜索面板中可以快速地完成各种类型的搜索。

表 5-3 "属性"面板各功能说明

| 序号 | 名称 | 说明 |
|---|---|---|
| 1 | 消息 | 显示当前操作等的相关操作提示 |
| 2 | 动作 | 可以对绘图区的实体进行选项、拉伸、旋转、扫面、放样等操作 |
| 3 | 显示设置 | 显示零件/隐藏/轮廓/光滑边,显示光源/相机/坐标系统/包围盒尺寸/位置尺寸。该显示设置项是多选项,可同时选择多个选项 |
| 4 | 渲染设置 | 设置场景的渲染,进行场景设置 |
| 5 | 选项设置 | 可设置 Acis 或者 Parasolid 两种类型 |

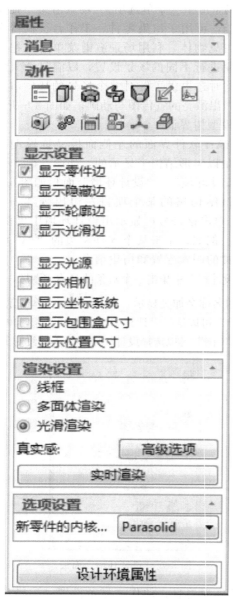

图 5-8 "属性"面板

图 5-9 "搜索"面板

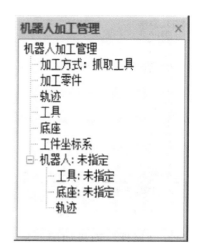

图 5-10 "机器人加工"管理面板

④ 机器人加工 "机器人加工"管理面板如图 5-10 所示,管理项包括:加工方式、加工零件、轨迹、工具、底座、工件坐标系及与机器人有关的工具、底座、轨迹等几项。其作用如表 5-4 所示。

表 5-4 "机器人加工"管理面板

| 序号 | 名称 | 说明 |
| --- | --- | --- |
| 1 | 加工方式 | 生产加工过程一般具有两种方式,分别为抓取工具和抓取零件(即为抓取工件)。默认情况为抓取工具 |
| 2 | 加工零件 | 显示绘图区中已导入的零件或工件,可同时导入多个零件或工件 |
| 3 | 轨迹 | 使用"生成轨迹"功能可生成一条轨迹,轨迹以轨迹组形式管理,该轨迹组中包含了该轨迹中所有的轨迹点,右击轨迹组可以对轨迹组及轨迹点进行各种操作 |

续表

| 序号 | 名称 | 说　　明 |
|---|---|---|
| 4 | 工具 | 显示绘图区中已导入的工具,同一个设计文件中只允许导入一个工具 |
| 5 | 底座 | 显示绘图区中已导入的底座 |
| 6 | 工件坐标系 | 工件坐标系是配合"机器人编程"菜单以及"新建坐标系"使用的,用户可自行建立自定义的工件坐标系 |
| 7 | 机器人 | 显示当前使用的机器人的名称及型号,机器人也是唯一的,单击机器人前面的"＋"号展开显示当前导入的工具名称、底座名称、轨迹等相关信息 |

（3）绘图界面

绘图界面是 RobotArt 软件的显示区域,用户导入的所用模型,包括机器人、工具、工件、零件等都会显示在这里,对零件等实体进行的相应操作也是在绘图区进行的。总而言之,在这个区域可以直观直接地对实体进行操作,类似于 Word 中的页面视图,所见即所得。绘图界面如图 5-11 所示蓝色背景区域。

图 5-11　绘图界面

（4）控制界面

控制界面即"机器人控制"面板,该面板内容分为两类："机器人空间"控制面板、"关节空间"控制面板。"机器人控制"面板如图 5-12 所示。

① 机器人空间　"机器人空间"面板中有 X、Y、Z、Rx、Ry、Rz 六个控制参数,即为笛卡儿坐标系参数,其中 X、Y、Z 三个参数代表机器人 TCP 点在坐标系中的当前位置,Rx、Ry、Rz 三个参数代表机器人在坐标系中 X、Y、Z 的旋转值,其原理如图 5-13 所示。

机器人空间项参数控制条下文本框实时显示表示机器人当前姿态的准确数值,空间项参数的调整具有两种方法：

a. 直接拖动滑块进行调整。

b. 点击正负按钮来进行微调。

步长的范围为 0.01～10.00。其中,调整步长的方式有两种：直接拖动滑块来进行调整；在文本框中直接输入步长值。

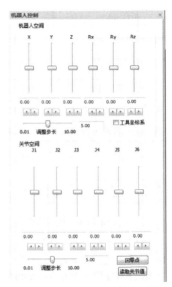

图 5-12　"机器人控制"面板

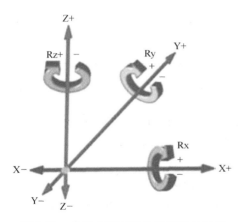

图 5-13 机器人空间项参数控制示意图

"工具坐标系选项"不勾选,则参数数值表示在世界坐标系下的数值;"工具坐标系选项"勾选,则为工具坐标系。RobotArt 软件默认情况选项为世界坐标系。

② 关节空间 J1~J6 分别表示 6 自由度关节机器人从底部往上的 6 个活动关节,关节空间项的调整方式以及步长的调整方式同机器人空间项参数控制方式一致。

a. 回零点。当需要控制机器人回到初始位置时,单击"回零点"按钮即可回到初始位置。

b. "读取关节值"按钮。"读取关节值"按钮的功能是用于加载软件外部的关节数值。

(5)仿真界面

仿真界面即为"仿真管理"面板,如图 5-14 所示。与图 5-14 中的序号相对应,"仿真管理"面板的各部分功能如表 5-5 所示。

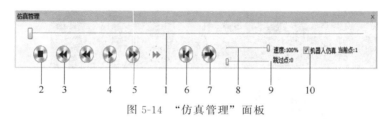

图 5-14 "仿真管理"面板

表 5-5 "仿真管理"面板各部分功能

| 序号 | 名称 | 说明 |
| --- | --- | --- |
| 1 | 进度条 | 显示加工仿真进度,可任意拖拽 |
| 2 | 重置开始 | 单击按钮,仿真过程重新运行 |
| 3 | 上一点 | 单击按钮,仿真过程运行到上一个点 |
| 4 | 播放和暂停 | 单击播放,仿真运行。单击暂停,仿真暂停运行 |
| 5 | 下一点 | 单击按钮,仿真过程运行到下一个点 |
| 6 | 重置 | 单击按钮,仿真过程从头开始 |
| 7 | 循环 | 单击按钮,仿真过程结束后自动从头开始运行 |
| 8 | 速度 | 显示仿真速度,可拖拽调节 |
| 9 | 跳过点 | 跳过点的个数,可拖拽调节(模糊仿真,加快仿真速度) |
| 10 | 机器人仿真 | 不勾选,是工具仿真。勾选,是机器人仿真(如果没有添加工具,则只能勾选机器人仿真) |

## 5.1.3 三维球仿真软件基本操作

(1)三维球的基本操作

绘图区的三维球是一个非常杰出和直观的三维图素操作工具。作为强大而灵活的三维空间定位工具,它可以通过平移、旋转和其他复杂的三维空间变换精确定位任何一个三维物体;同时三维球还可以完成对智能图素、零件或组合件生成拷贝、直线阵列、矩形阵列和圆形阵列的操作功能。

三维球可以附着在多种三维物体之上。在选中零件、智能图素、锚点、表面、视向、光源、动画路径关键帧等三维元素后，可通过单击快速启动栏上的三维球工具按钮打开三维球，使三维球附着在这些三维物体之上，从而方便地对它们进行移动、相对定位和距离测量。

（2）三维球的结构

默认状态下，三维球形状如图 5-15 所示。

三维球在空间中有三个轴、一个中心点，内外分别有三个控制柄。图 5-15 中序号所对应的功能如表 5-6 所示。

三维球拥有三个外部约束控制手柄（长轴），三个定向控制手柄（短轴），一个中心点。在软件的应用中它主要的功能是解决软件的应用中元素、零件以及装配体的空间点定位、空间角度定位的问题。其中长轴是解决空间约束定位；短轴是解决实体的方向；中心点解决定位。

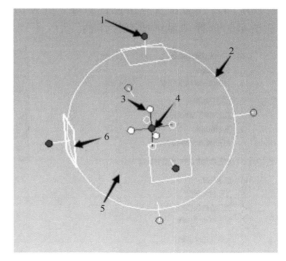

图 5-15　三维球形状

表 5-6　三维球各部分功能

| 序号 | 名称 | 说　明 |
| --- | --- | --- |
| 1 | 外控制柄（约束控制柄） | 单击它可用来对轴线进行暂时的约束，使三维物体只能进行沿此轴线上的线性平移，或绕此轴线进行旋转 |
| 2 | 圆周 | 拖动这里，可以围绕三维球的中心对物体进行旋转 |
| 3 | 定向控制柄（短控制柄） | 用来将三维球中心作为一个固定的支点，进行对象的定向。主要有 2 种使用方法<br>①拖动控制柄，使轴线对准另一个位置<br>②右击鼠标，然后从弹出的菜单中选择一个项目进行定向 |
| 4 | 中心控制柄 | 主要用来进行点到点的移动。使用的方法是将它直接拖至另一个目标位置，或右击鼠标，然后从弹出的菜单中挑选一个选项。它还可以与约束的轴线配合使用 |
| 5 | 内侧 | 在这个空白区域内侧拖动进行旋转。也可以右击鼠标这里，出现各种选项，对三维球进行设置 |
| 6 | 二维平面 | 拖动这里，可以在选定的虚拟平面中移动 |

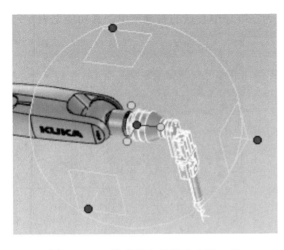

图 5-16　三维球附在机器人末端工具

一般的条件下，三维球的移动、旋转等操作中，鼠标的左键不能实现复制的功能；鼠标的右键可以实现元素、零件、装配体的复制功能和平移功能。在软件的初始化状态下，三维球最初是附着在元素、零件、装配体的定位锚上的。特别对于智能图素，三维球与智能图素是完全相符的，三维球的轴向与图素的边、轴向完全是平行或重合的。三维球的中心点是与智能图素的中心点完全重合的。三维球与附着图素的脱离通过单击空格键来实现。三维球脱离后，移动到规定的位置，一定要再一次点空格键，附着三维球。

以上是在默认状态下三维球的设置。当三维球附在指定对象上时如图 5-16 所示。

在绘图区任意位置单击鼠标右键，在弹出的快捷菜单选项可对三维球进行其他设置，如图 5-17 所示。选择"显示所有操作柄"后，三维球外形如图 5-18 所示。

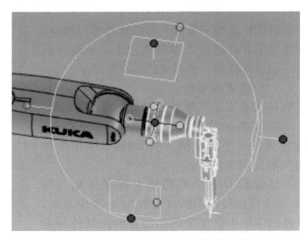

图 5-17　三维球参数设置选项窗口　　　　图 5-18　显示所有操作柄后三维球的外形图

选择"允许无约束旋转"后，再将鼠标放到三维球内部时，鼠标形状变成如图 5-18 所示形状，此时三维球附着的三维物体可以围绕三维球中心更自由地旋转，而不必局限于围绕从视点延伸到三维球中心的虚拟轴线旋转。

三维球的位置和方向变化后，当前的位置和方向默认被记住。

（3）三维球的重新定位

激活三维球时，可以看到三维球附着在半圆柱体上。这时移动圆柱体图素时，移动的距离都是以三维球中心点为基准进行的。但是有时需要改变基准点的位置，例如：希望图中的圆柱体图素绕着空间某一个轴旋转。那么这种情况该如何处理呢？这就涉及三维球的重新定位功能。

具体操作如下：点取零件，单击三维球工具打开三维球，按空格键，三维球将变成白色，如图 5-19 所示。这时移动三维球的位置，改变三维球与物体的相对位置，如图 5-20 所示。此时移动三维球，实体将不随之运动，当将三维球调整到所需的位置时，再次按空格键，三维球变回原来的颜色，此时即可以对相应的实体继续进行操作。

（4）三维球中心点的定位方法

三维球的中心点可进行点定位。如图 5-21 所示为三维球中心点的右键菜单，其功能见表 5-7。

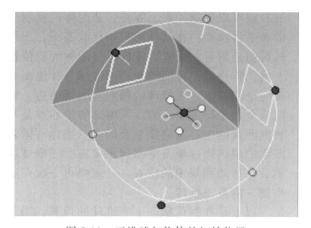
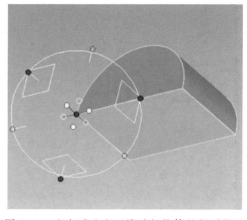

图 5-19　三维球与物体的初始位置　　　　图 5-20　变白后改变三维球与物体的相对位置

表 5-7　三维球中心点的右键菜单功能

| 序号 | 名称 | 说明 |
|---|---|---|
| 1 | 编辑位置 | 选择此选项,可弹出位置输入框输入相对父节点锚点的 $X$、$Y$、$Z$ 三个方向的坐标值 |
| 2 | 按三维球的方向创建附着点 | 按照三维球的位置与方向创建附着点。附着点可用于实体的快速定位、快速装配 |
| 3 | 创建多份 | 此项有两个子选项:"拷贝"与"链接",含义与前述相同<br>选择此选项后,按"P"然后回车则创建一个实体的拷贝或链接,然后拖动三维球将拷贝或链接定位 |
| 4 | 到点 | 选择此选项,可使三维球附着的元素移动到第二个操作对象上的选定点 |
| 5 | 到中心点 | 选择此选项,可使三维球附着的元素移动到回转体的中心位置 |
| 6 | 到中点 | 选择此选项,可使三维球附着的元素移动到第二个操作对象上的中点,这个元素可以是边、两点或两个面 |

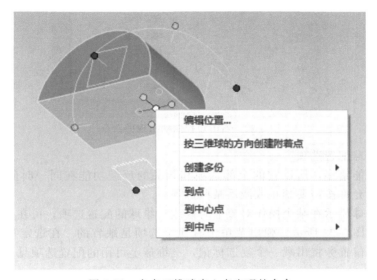

图 5-21　右击三维球中心点出现的命令

(5) 三维球定向控制手柄

选择三维球的定向控制手柄,右击鼠标,定向控制手柄右键菜单如图 5-22 所示。其功能见表 5-8。

表 5-8　定向控制手柄右键菜单功能

| 序号 | 名称 | 说明 |
|---|---|---|
| 1 | 编辑方向 | 指当前轴向(黄色轴)在空间内的角度。用三维空间数值表示 |
| 2 | 到点 | 指鼠标捕捉的定向控制手柄(短轴)指向到规定点 |
| 3 | 到中心点 | 指鼠标捕捉的定向控制手柄指向到规定圆心点 |
| 4 | 到中点 | 指鼠标捕捉的定向控制手柄指向到规定中点。可以是边的中点、两点间的中点、两面之间的中点 |
| 5 | 点到点 | 指鼠标捕捉的定向控制手柄与两个点的连线平行 |
| 6 | 与边平行 | 指鼠标捕捉的定向控制手柄与选取的边平行 |
| 7 | 与面垂直 | 指鼠标捕捉的定向控制手柄与选取的面垂直 |
| 8 | 与轴平行 | 指鼠标捕捉的定向控制手柄与柱面轴线平行 |
| 9 | 反转 | 指三维球带动元素在选中的定向控制手柄方向上转动 180° |
| 10 | 镜向 | 指用三维球将实体以选取的短手柄方向上、未选取的两个轴所形成的面做面镜向(包括移动、拷贝、链接) |

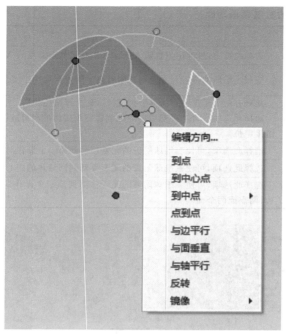

图 5-22　右击短控制柄出现的命令

（6）修改三维球配置选项

因为三维球功能繁多，所以它的全部选项和相关的反馈功能在同一时间是不可能都需要的。因而，软件中允许按需要禁止或激活某些选项。

如果要在三维球显示在某个操作对象上时修改三维球的配置选项，可在设计环境中的任意位置右击鼠标，如图 5-23 所示，弹出菜单中有几个选项是缺省的。在选定某个选项时，该选项在弹出菜单上的位置旁将出现一个复选标记，三维球上可用的配置选项见表 5-9。

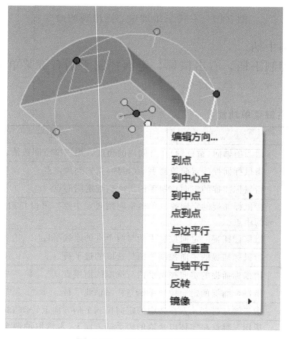

图 5-23　三维球配置选项

表 5-9  三维球上可用的配置选项功能

| 序号 | 名称 | 说明 |
|---|---|---|
| 1 | 移动图素和定位锚 | 如果选择了此选项,三维球的动作将会影响选定操作对象及其定位锚。此选项为缺省选项 |
| 2 | 仅移动图素 | 如果选择了此选项,三维球的动作将仅影响选定操作对象;而定位锚的位置不会受到影响 |
| 3 | 仅定位三维球(空格键) | 选择此选项可使三维球本身重定位,而不移动操作对象。此选项可使用空格键快捷激活 |
| 4 | 定位三维球心 | 选择此选项可把三维球的中心重定位到指定点 |
| 5 | 重新设置三维球到定位锚 | 选择此选项可使三维球恢复到缺省位置,即操作对象的定位锚上 |
| 6 | 三维球定向 | 选择此选项可使三维球的方向轴与绝对坐标轴($X$、$Y$、$Z$)对齐 |
| 7 | 显示平面 | 选择此选项可在三维球上显示二维平面 |
| 8 | 显示约束尺寸 | 选定此选项时,软件将显示实体件移动的角度和距离 |
| 9 | 显示定向操作柄 | 此选项为缺省选项。选择此选项,将显示三维球的定向控制柄 |
| 10 | 显示所有操作柄 | 选择此选项,三维球轴的两端都将显示出定向控制手柄和外控制柄 |
| 11 | 允许无约束旋转 | 欲利用三维球自由旋转操作对象,则可选择此选项 |
| 12 | 改变捕捉范围 | 利用此选项,可设置操作对象重定位操作中需要的距离和角度变化增量。增量设定后,可在移动三维球时按住"Ctrl"键激活此功能选项 |

(7) 三维球工具定位操作实例

圆柱贴合:图 5-24 是两个半圆柱体,通过三维球的操作将两个半圆柱体组成为一个完整的圆柱体,操作前如图 5-24 所示,操作后达到如图 5-25 所示的效果。其操作步骤见表 5-10。

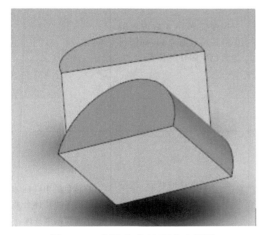

图 5-24  未贴合前的两个半圆柱

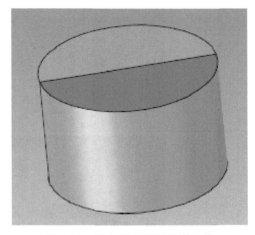

图 5-25  贴合后的完整的圆柱体

表 5-10  圆柱贴合操作步骤

| 操作步骤 | 顺序 | 图示 | | 说明 | |
|---|---|---|---|---|---|
| 1 | 1 |  | | 单击黄色半圆柱,会呈现高亮状态 | 将黄色的半圆柱与平面垂直。注意:按下空格键改变三维球的状态 |

续表

| 步骤 | 操作顺序 | 图示 | 说 明 | |
|---|---|---|---|---|
| 1 | 2 | 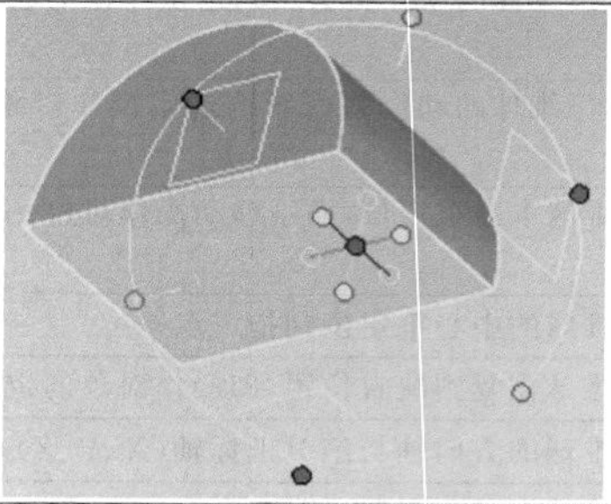 | 单击"机器人编程"控制面板中的三维按钮,三维球附着在黄色的半圆柱上 | |
| | 3 | 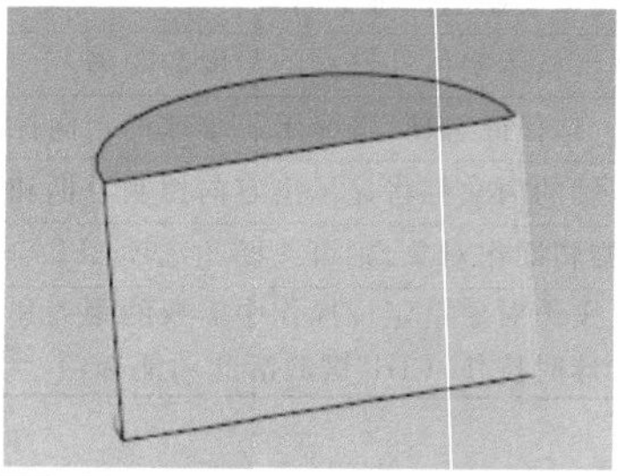 | 右击三维球内部蓝色的短柄,选择与边平行的命令,选择灰色半圆柱的一条边 | 将黄色的半圆柱与平面垂直。注意:按下空格键改变三维球的状态 |
| | 4 | 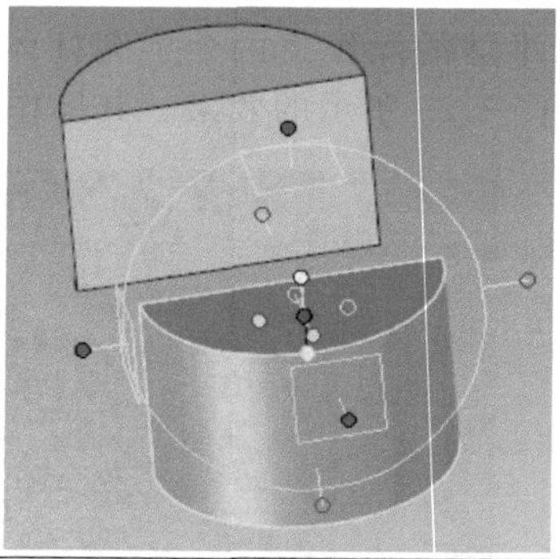 | 操作完顺序3后黄色的半圆柱就竖直立起,如图所示黄色半圆柱的位置 | |
| 2 | 5 | 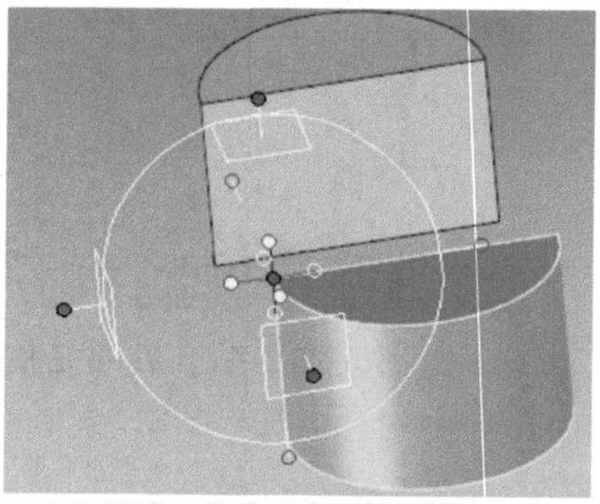 | 改变三维球的状态,按空格键三维球变白,右击三维球的中心点,选择运动到点,运动到如图所示的位置 | 将黄色的半圆柱体与灰色的半圆柱体合并为一个完整的圆柱体<br>注意:①顺序5图中三维球变白是改变三维球与附着物体的相对位置,即物体不改变位置,三维球进行移动<br>②顺序6图中三维球变蓝,即是改变三维球所附着的物体的位置,物体随着三维的移动而移动 |
| | 6 | 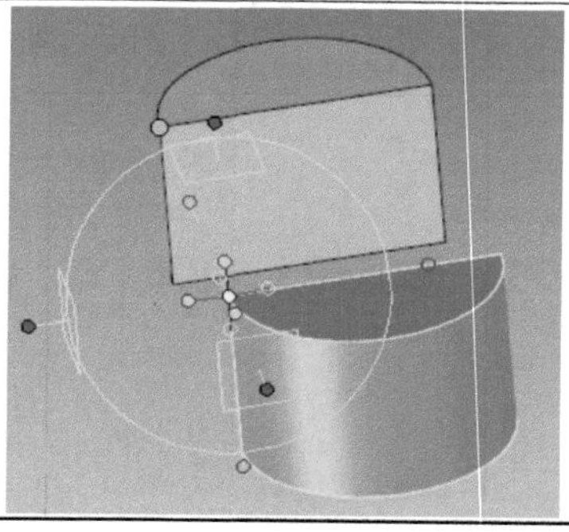 | 按下空格键三维球变蓝,单击三维球的中心点选择运动到点,选择如图所示的灰色半圆柱绿色点 | |

续表

| 操作 | | 图示 | 说明 |
|---|---|---|---|
| 步骤 | 顺序 | | |
| 2 | 7 | | 完成上面顺序后两个半圆柱体就合并为一个圆柱体了 | 将黄色的半圆柱体与灰色的半圆柱体合并为一个完整的圆柱体<br>注意：①顺序 5 图中三维球变白是改变三维球与附着物体的相对位置，即物体不改变位置，三维球进行移动<br>②顺序 6 图中三维球变蓝，即是改变三维球所附着的物体的位置，物体随着三维的移动而移动 |

## 5.1.4 机器人 TCP 校准方式

（1）工具示教

通过 LasMAN-PC 程序发送指令，LasMAN-CS8C 进入各个模块的操作。按"F1～F8"功能键进入相应的界面。工具示教界面如图 5-26 所示。

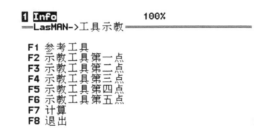

图 5-26 工具示教界面

（2）示教参考点

示教参考点操作步骤见表 5-11。

**表 5-11　示教参考点操作步骤**

| 示教点 | 步骤 | 图示 | 说明 |
|---|---|---|---|
| 示教第一点 | 1 | | 首先安装参考工具到第 6 轴法兰上，然后按"参数"(F7)键输入参考工具的参数。使用"对齐"(F5)可使参考工具的 Z 轴与机器人的 world 坐标系(世界坐标系)的 Z 轴方向重合。移动机器人使工具中心点 TCP 对准参考点，尽量保证轴线一致。单击"记录"(F6)，记录工具参考点，确认无误后，单击"首页"(F8)返回示教工具 |

| 示教点 | 步骤 | 图示 | 说明 |
|---|---|---|---|
| 示教第一点 | 2 | 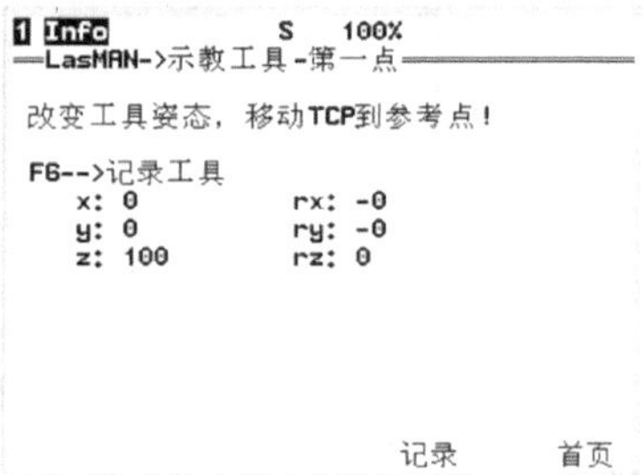 `1 Info   S   100%`<br>`==LasMAN=>示教工具-第一点==`<br>`改变工具姿态，移动TCP到参考点！`<br>`F6-->记录工具`<br>`  x: 0      rx: -0`<br>`  y: 0      ry: -0`<br>`  z: 100    rz: 0`<br><br>`记录    首页` | 首先安装参考工具到第6轴法兰上，然后按"参数"(F7)键输入参考工具的参数。使用"对齐"(F5)可使参考工具的 $Z$ 轴与机器人的 world 坐标系(世界坐标系)的 $Z$ 轴方向重合。移动机器人使工具中心点 TCP 对准参考点，尽量保证轴线一致。单击"记录"(F6)，记录工具参考点，确认无误后，单击"首页"(F8)返回示教工具 |
| 示教第二点 | 1 | 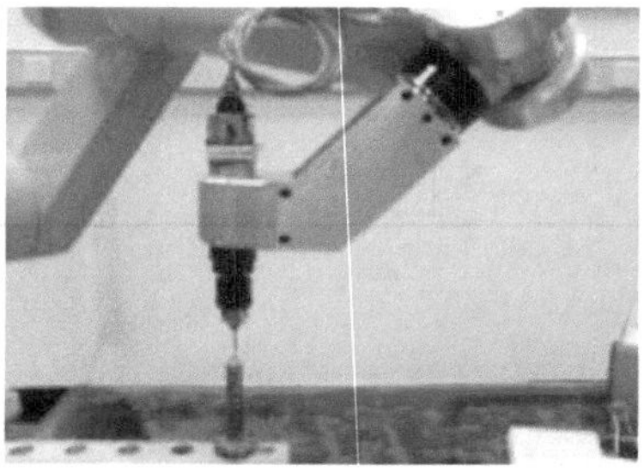 | 改变机器人姿态，单击"F6"，记录工具第二点，确认无误后，单击"F8"返回示教工具页面，选择其他示教点。如步骤2所示 |
| | 2 | 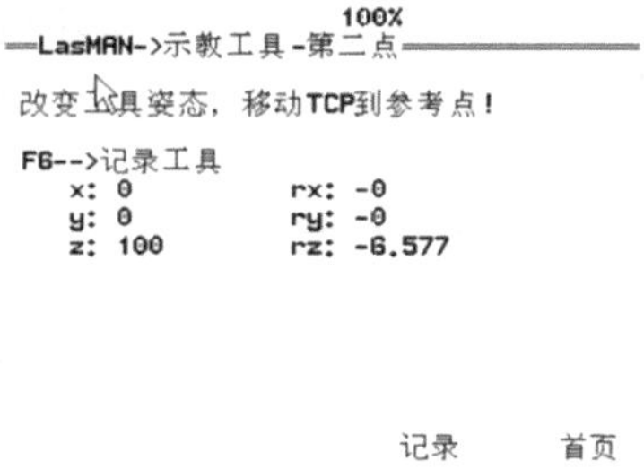 `100%`<br>`==LasMAN=>示教工具-第二点==`<br>`改变工具姿态，移动TCP到参考点！`<br>`F6-->记录工具`<br>`  x: 0      rx: -0`<br>`  y: 0      ry: -0`<br>`  z: 100    rz: -6.577`<br><br>`记录    首页` | |
| 示教第三点 | 1 | 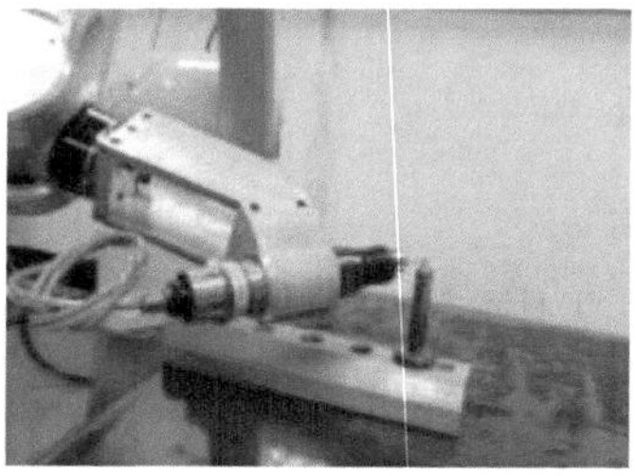 | 改变机器人姿态，单击"F6"，记录工具第三点，确认无误后，单击"F8"返回示教工具页面，选择其他示教点。如步骤2所示 |
| | 2 | 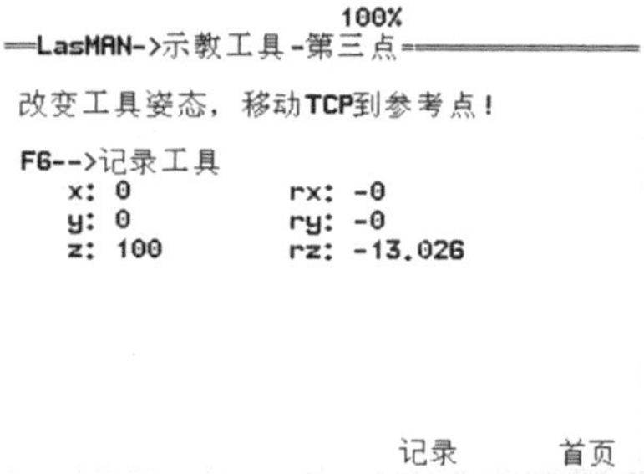 `100%`<br>`==LasMAN=>示教工具-第三点==`<br>`改变工具姿态，移动TCP到参考点！`<br>`F6-->记录工具`<br>`  x: 0      rx: -0`<br>`  y: 0      ry: -0`<br>`  z: 100    rz: -13.026`<br><br>`记录    首页` | |

续表

| 示教点 | 步骤 | 图示 | 说明 |
|---|---|---|---|
| 示教第四点 | 1 | 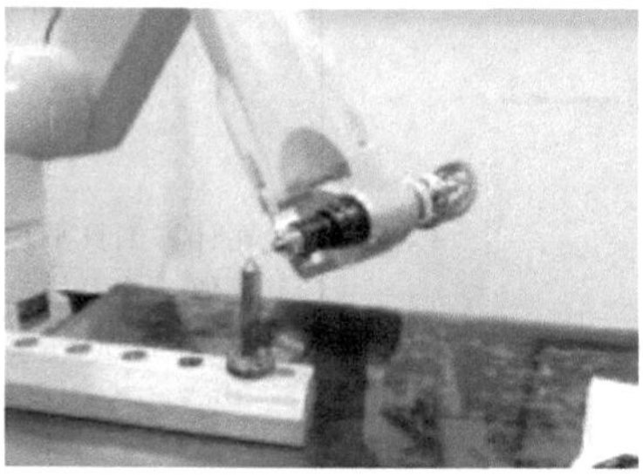 | 改变机器人姿态,单击"F6",记录工具第四点,确认无误后,单击"F8"返回示教工具页面,选择其他示教点,如步骤2所示 |
| | 2 | 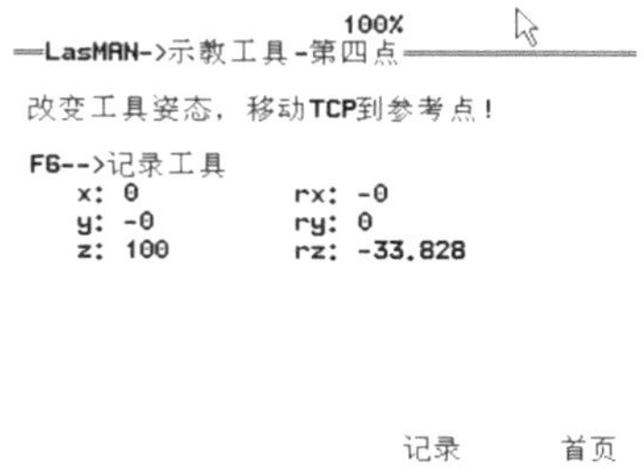 ==LasMAN-=>示教工具-第四点== 100%<br>改变工具姿态,移动TCP到参考点!<br>F6-->记录工具<br>x: 0   rx: -0<br>y: -0  ry: 0<br>z: 100 rz: -33.828<br>记录  首页 | |
| 示教第五点 | 1 | 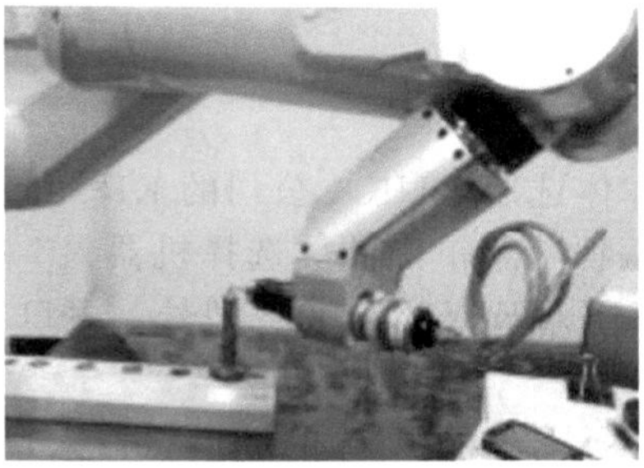 | 改变机器人姿态,单击"F6",记录工具第五点,确认无误后,单击"F8"返回示教工具页面,选择其他示教点。如步骤2所示 |
| | 2 | 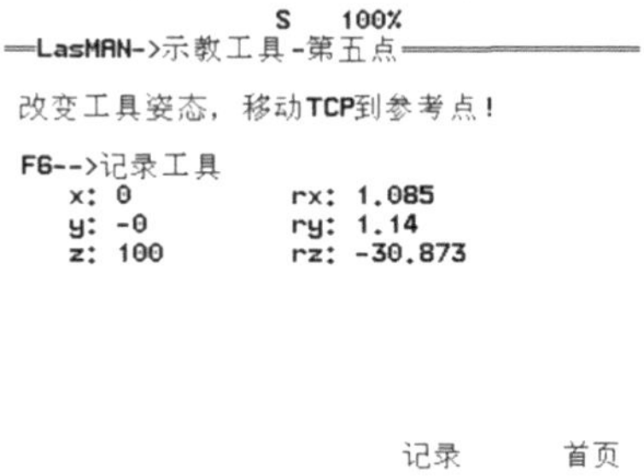 ==LasMAN-=>示教工具-第五点== S 100%<br>改变工具姿态,移动TCP到参考点!<br>F6-->记录工具<br>x: 0   rx: 1.085<br>y: -0  ry: 1.14<br>z: 100 rz: -30.873<br>记录  首页 | |
| 计算工具 | | 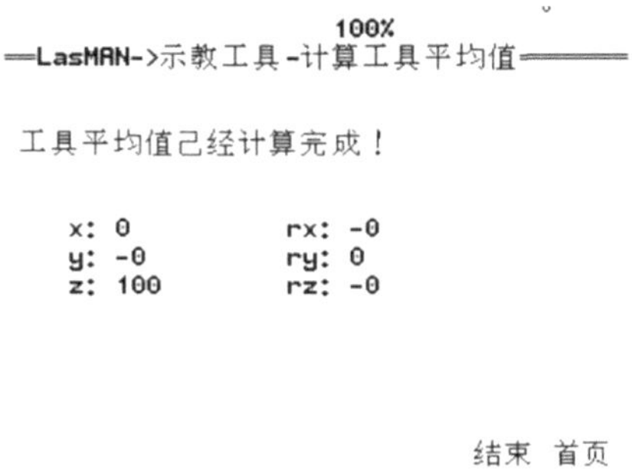 ==LasMAN-=>示教工具-计算工具平均值== 100%<br>工具平均值已经计算完成!<br>x: 0   rx: -0<br>y: -0  ry: 0<br>z: 100 rz: -0<br>结束 首页 | 在工具示教主页面上选择"计算"(F7),得到工具的平均值。按"首页"(F8)返回主页面 |

续表

| 示教点 | 步骤 | 图示 | 说明 |
|---|---|---|---|
| 保存工具 | | 100%<br>=LasMAN->示教工具-计算工具平均值=<br>工具平均值已经计算完成！<br>x: 0    rx: -0<br>y: -0   ry: 0<br>z: 100  rz: -0<br>结束  首页 | 在计算工具平均值页面按"结束"(F7)保存工具值。若上位机保存超时,那么工具值将会保存在"ToolWrite"文件中 |

## 5.2 工业机器人工作站系统构建

### 5.2.1 准备机器人

（1）导入机器人

以导入 KUKA 机器人为例,机器人本体选用 KUKA 公司的 KR5-R1400 机器人本体。

运行 RobotArt 软件,单击"机器人编程"菜单中的"选择机器人"按钮,弹出如图 5-27 所示窗口,选择机器人模型列表中的"KUKA-KR5-R1400"型号,窗口右侧可预览显示该型号机器人外形图、轴范围、逆解参数设置栏。

单击"插入机器人模型"按钮,导入 KUKA 的 KR5-R1400 机器人,如图 5-28 所示。

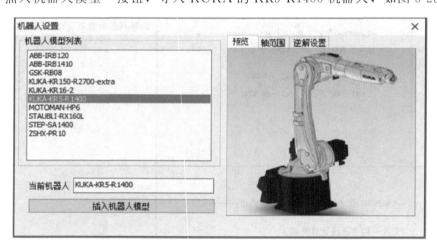

图 5-27  选择机器人界面

（2）机器人设置

以 KUKA-KR5-R1400 机器人为例,机器人有 6 个关节如图 5-29 所示,最大值与最小值分别表示机器人关节可旋转最大范围,例如 JT1 轴范围从 $-170°\sim170°$,同理可知其他关节轴的运动范围,关节空间面板窗口与机器人参数配置保持一致,如图 5-30 所示。

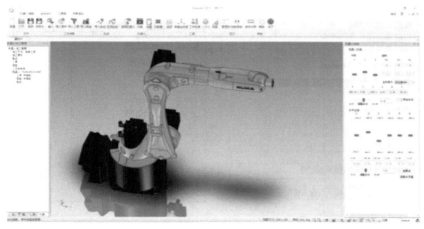

图 5-28　KUKA 的 KR5-R1400 机器人

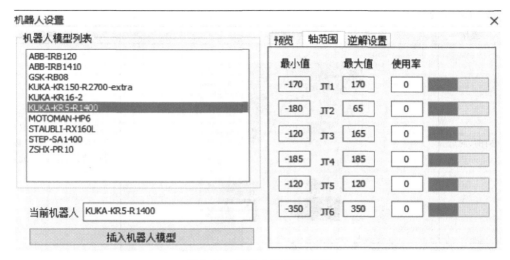

图 5-29　机器人轴范围设置

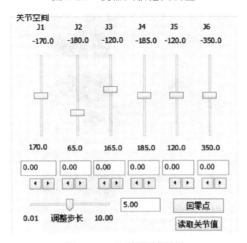

图 5-30　关节控制面板

机器人设置窗口中的"逆解设置"选项主要用于配置新机器人操作，含有的功能包括对机器人进行向前、向后、向上、向下、不旋转、翻转操作，如图 5-31 所示。操作步骤如表 5-12 所示。

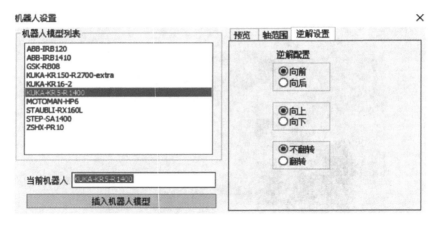

图 5-31 机器人逆解设置

表 5-12 操作步骤

| 序号 | 操作 | 图示 | 说明 |
|---|---|---|---|
| 1 | 向前,向后 | | 表示机器人 BASE 轴不动,顶端位置固定,它可以通过前后运动其他轴到达此点 |
| 2 | 向上,向下 | | 表示机器人 BASE 轴不动,顶端位置固定,它可以通过上下运动其他轴到达此点 |
| 3 | 不翻转,翻转 | | 表示机器人 BASE 轴不动,顶端位置固定,它可以通过翻转与不翻转运动其他轴到达此点 |

## 5.2.2 准备工具

（1）导入工具

单击"机器人编程"菜单中的"导入工具"按钮，弹出如图 5-32 所示窗口，选中需要导入的工具，然后单击打开。

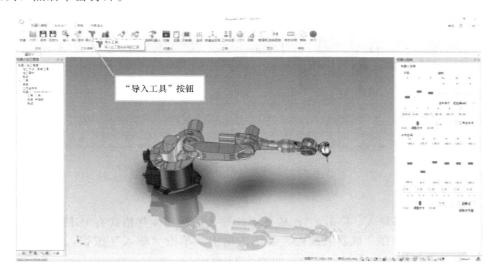

图 5-32 机器人工具导入

在弹出的导入工具的对话框中，选择工具"ATI 径向浮动打磨头.ics"文件，如图 5-33 所示。

图 5-33 选择导入工具界面

由于"ATI 径向浮动打磨头"是已经配置好的工具，因此，RobotArt 软件导入工具文件后，绘图区显示该工具直接装配在机器人末端位置，如图 5-34 所示。注：如果该工具没有配置过，则需要经过设置安装点和 TCP 点，将工具安装到机器人末端。

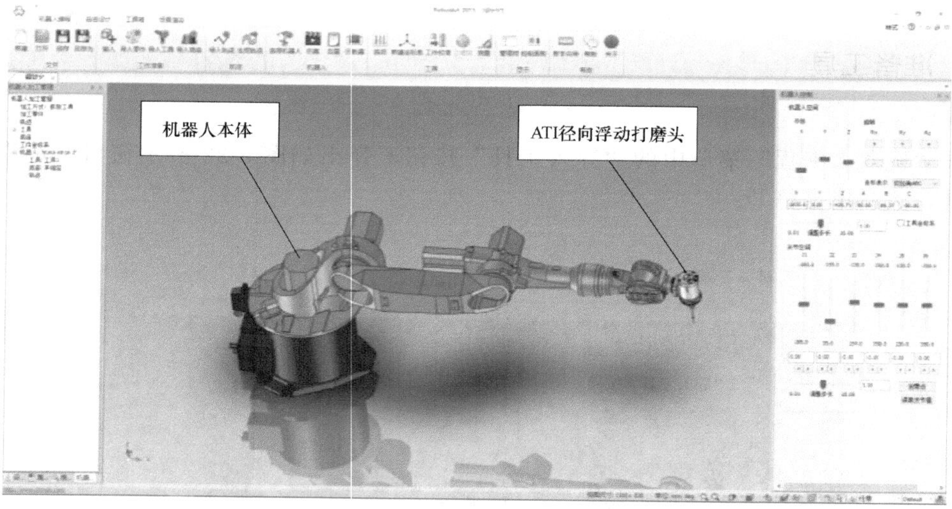

图 5-34 工具装配到机器人末端

（2）自定义工具

① 工具模型的外部导入　RobotArt 软件中能导入的数据文件格式有 IGES、STEP 等常用 CAD 软件的数据文件。在"机器人编程"菜单选项中，单击"输入"按钮，即可在空白工程文件中导入需要进行加工的零件，选择，如图 5-35 所示。

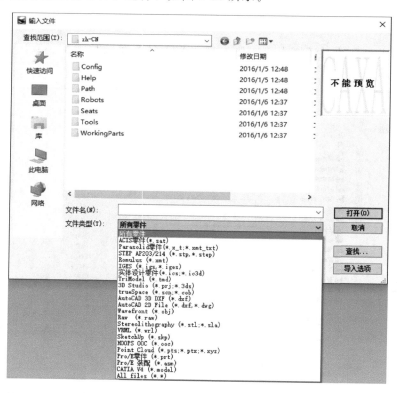

图 5-35　新工具模型的导入

如图 5-36 所示，新导入工具的模型文件选择"ATI 径向浮动打磨头"工具文件。

图 5-36　新工具模型的导入

在空白工程文件中导入"ATI 径向浮动打磨头"工具后，如图 5-37 所示，将工具放在合适位置并单击鼠标左键确认。

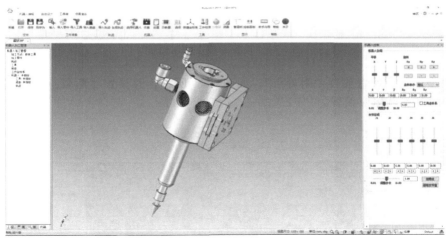

图 5-37　导入工具模型

② 设置工具的安装点和 TCP 点　在 RobotArt 软件中，工具的安装点和 TCP 点是通过在零件上设置"附着点"来配置工具在机器人法兰上位置和姿态参数的。工具箱中的"附着点"按钮如图 5-38 所示（注：当没有选中工具时，按钮标识为灰色状），新工具"附着点"的设置及操作步骤如下。

图 5-38　设置附着点界面

a. 首先，在"设计环境"中的设计文件的特征树上鼠标单击"ATI 径向浮动打磨头"工具，如图 5-39 所示，绘图区中工具整体颜色显示为被选中状态。

b. 如图 5-40 所示，"工具箱"中"附着点"按钮属于激活状态，单击"附着点"按钮。

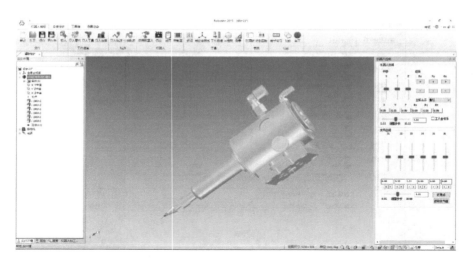

图 5-39 设置附着点

图 5-40 设置附着点控制面板

c. 在模型的相应位置放置"附着点",如图 5-41 所示,并设置"附着点"的名称。注意:安装位置的附着点名称应设置为"FL"。

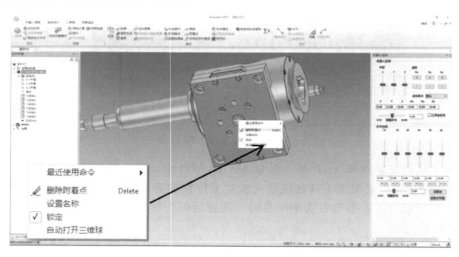

图 5-41 在模型上设置安装附着点并命名

d. 设置工具的 TCP 点使用与图 5-41 同样的方法,将"附着点"设置在工具末端点,如图 5-42 所示,将附着点名称命名为"TCP"。注意:工具的 TCP 点的附着点名称应设置为"TCP"。

e. 将已设置好安装位置点和 TCP 点的工具文件,另保存工具定义文件,如图 5-43 所示,另存为"ATITool.ics"工具文件。

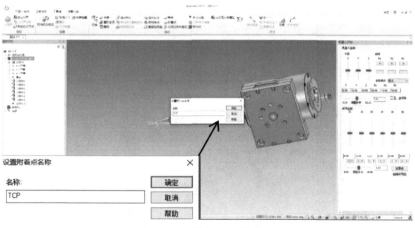

图 5-42　设置 TCP 附着点

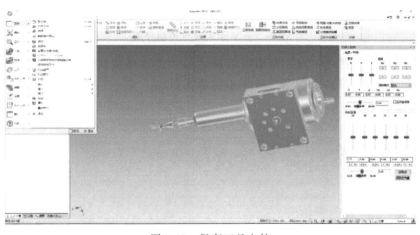

图 5-43　保存工具文件

(3) 工具设置

① 工具附着点的显示

a. 在 RobotArt 软件中，机器人工具附着点的状态默认显示是关闭的，如图 5-44 所示，因此当需要修改附着点时，首先需要显示并找到需要修改的附着点及其位置。

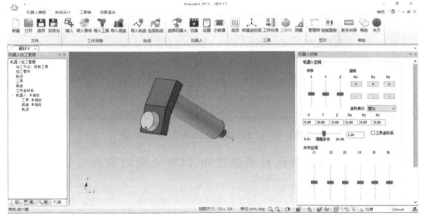

图 5-44　附着点的默认设置

b. 如图 5-45 所示，在绘图区空白区域，单击鼠标右键，弹出功能选项，然后单击"显示所有"。

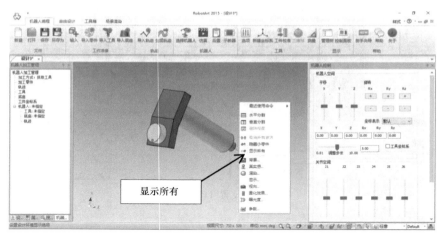

图 5-45　显示附着点控制界面

c. 如图 5-46 所示为单击"显示所有"后弹出的"设计环境属性"窗口，窗口默认将"显示"功能区显示出来，"附着点"选项处于未勾选状态。

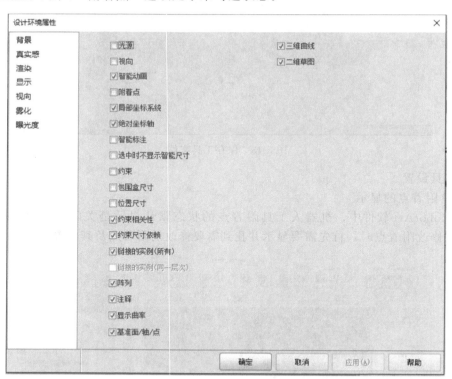

图 5-46　"设计环境属性"窗口界面

d. "附着点"选项勾选后，工具安装位置和 TCP 点的附着点位置显示出来，如图 5-47 所示。

② 工具附着点的选择

a. 在"设计环境"中的设计文件的特征树上鼠标单击所要选择的工具名称，如图 5-48 所

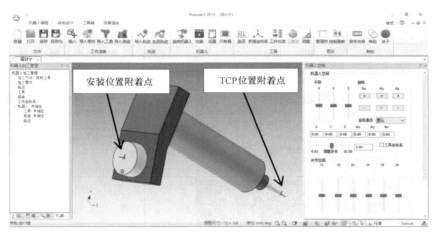

图 5-47　显示附着点界面

示工具上的附着点变为蓝色。

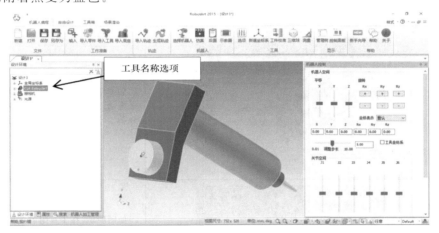

图 5-48　选择附着点控制界面

b. 当鼠标移动到附着点附近时，工具附着点附近会出现手形状标识表示已经选择到附着点，如图 5-49 所示。

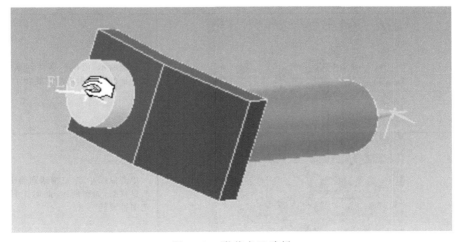

图 5-49　附着点已选择

③ 修改附着点　修改附着点操作如表 5-13 所示。

**表 5-13　修改附着点位置操作**

| 操作 | 步骤 | 图示 | 说　　明 |
|---|---|---|---|
| 修改附着点位置 | 1 | 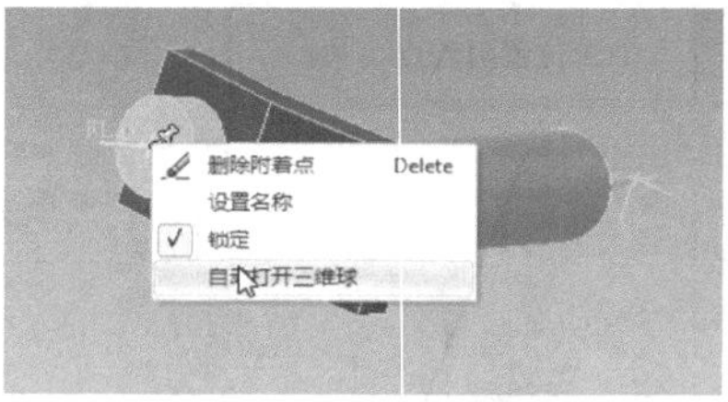 | 选中工具附着点后，单击鼠标右键，弹出如图所示的选项菜单，选项中包含删除附着点、设置名称、锁定、自动打开三维球四个选项，然后单击选择"自动打开三维球" |
| | 2 | 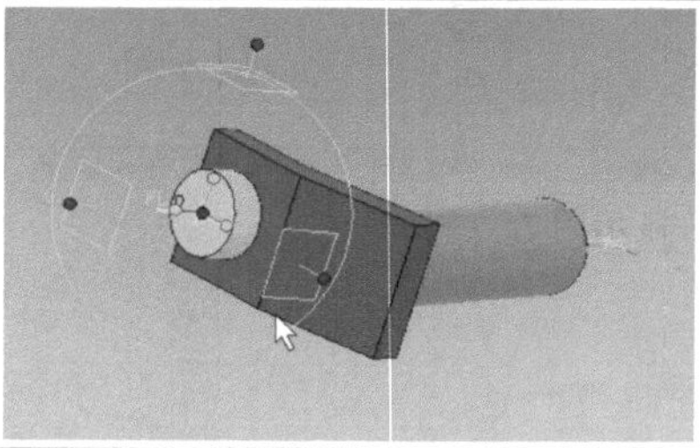 | 如图所示，三维球的中心点与工具附着点重合成为一体 |
| | 3 | 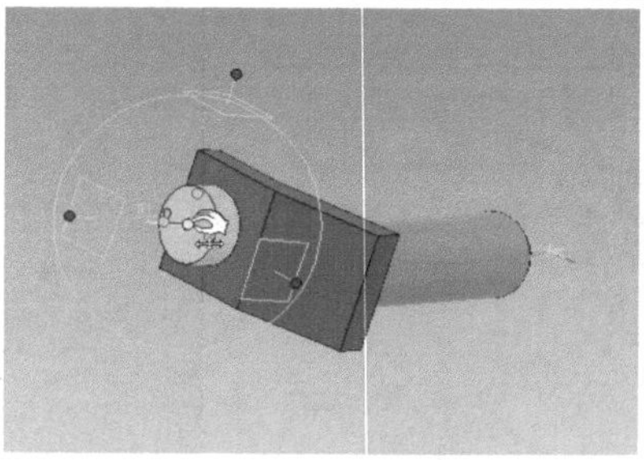 | 如图所示，鼠标成手状外形，按住鼠标左键拖动三维球位置，则工具附着点位置随之移动 |
| | 4 | 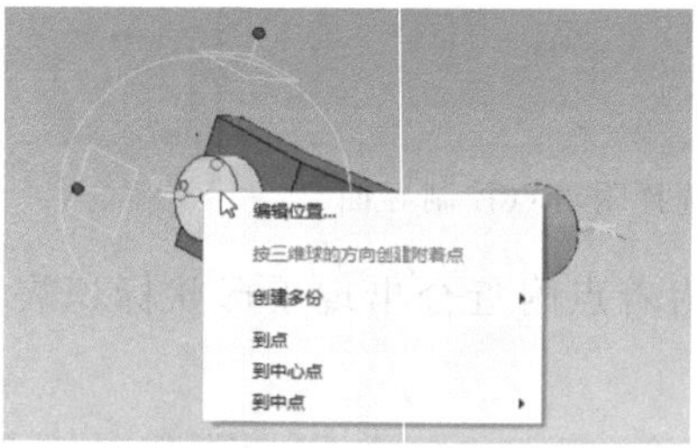 | 如图所示，在工具附着点附近单击鼠标右键，则弹出编辑附着点的菜单选项，包括编辑位置、创建多份、到点、到中心点、到中点等，然后选择相应的功能选项即可实现工具附着点位置的修改 |
| 修改附着点的姿态 | 1 | 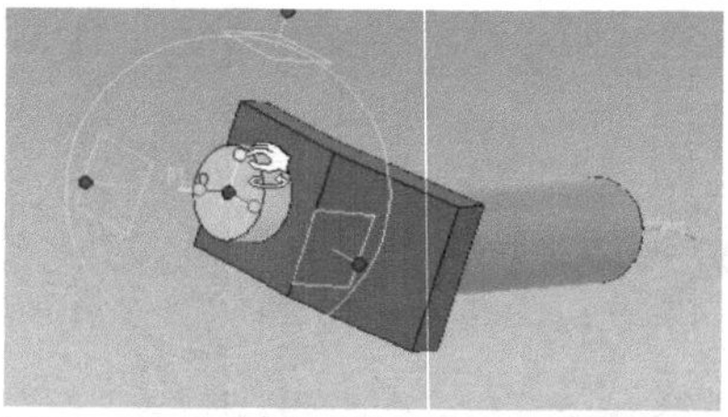 | 如图所示，当鼠标移动到某一个轴时，手状外形的鼠标附近出现旋转示意箭头 |
| | 2 | 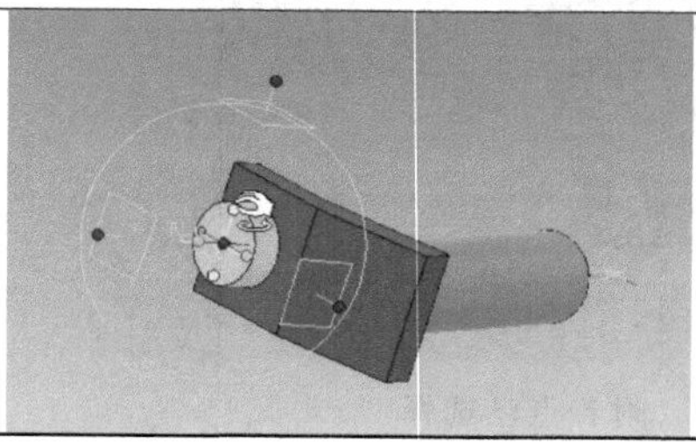 | 单击鼠标左键，三维球则会出现黄色轴线凸显状态，如图所示，此时工具附着点可绕选中轴旋转 |

| 操作 | 步骤 | 图　　示 | 说　　明 |
|---|---|---|---|
| 修改附着点的姿态 | 3 | 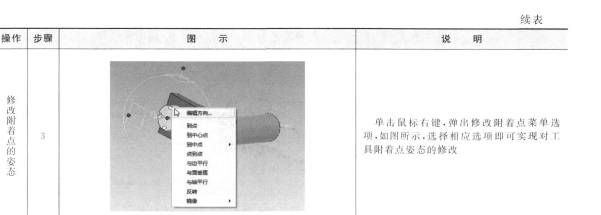 | 单击鼠标右键，弹出修改附着点菜单选项，如图所示，选择相应选项即可实现对工具附着点姿态的修改 |

## 5.2.3 准备工件

（1）导入工件

工业机器人离线编程目的是对工件（即零件）进行加工编程仿真，因此，需要将所要加工的工件导入到离线编程软件的绘图区内，如图 5-50 所示，单击"机器人编程"选项的"导入零件"按钮。

图 5-50　工件导入功能选择

① 导入零件对话窗口如图 5-51 所示。

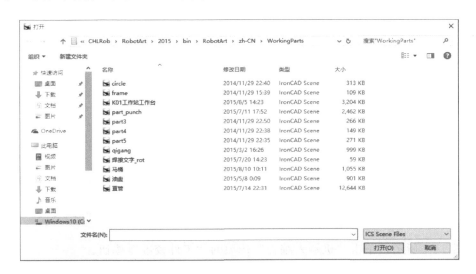

图 5-51　零件导入选择工件窗口

② 如图 5-52 所示，将工件"油盆"导入到绘图区内。

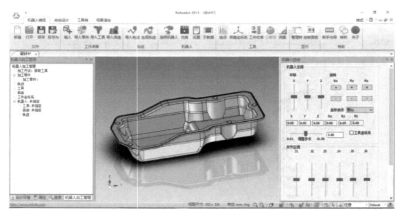

图 5-52　工件"油盆"在绘图区

（2）自定义工件

如图 5-53 所示，单击 按钮，弹出一系列功能选项，由此可以对导入工件进行一些设置和修改。

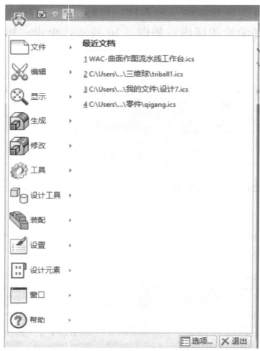

图 5-53　工件设置及修改界面

（3）工件校准

由于软件中工件与机器人、工具的相互位置与实际中有差异，因此需要对仿真工件进行实际校准。

① 如图 5-54 所示，单击"机器人编程"选项的"工件校准"按钮。

图 5-54　"工件校准"按钮

制定模型上三个点（注意：不要在一条直线上，比较有特征，现实中好测量容易辨识的点）。

② 以激光切割对象——"汽车保险杠"工件为例，如图 5-55 所示，单击"工件校准"窗口中设计环境第一个点的"指定"按钮，然后在工件模型上选择一个点。

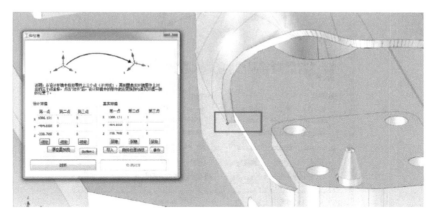

图 5-55　选取工件模型第一个点

③ 如图 5-56 所示，指定工件模型上的第 2 个点。

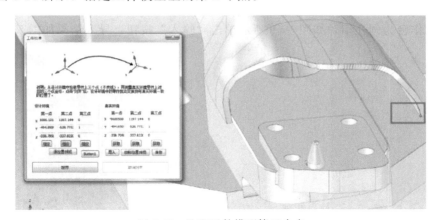

图 5-56　选取工件模型第二个点

④ 如图 5-57 所示，指定工件模型上的第 3 个点。

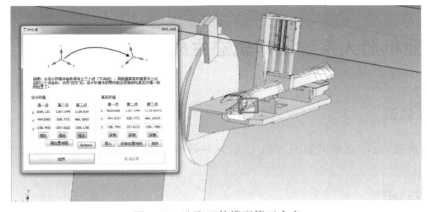

图 5-57　选取工件模型第三个点

⑤ 如图 5-58 所示，将真实环境中与工件模型点相重合的三个点的实际测量数值填入对应输入框内，这样经工件校准后，软件环境与现实环境就设置成一致状态了。

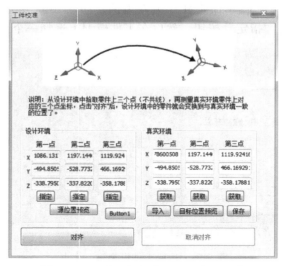

图 5-58　设计环境与真实环境中三点值

（4）外围模型

以导入工作台为例介绍，如图 5-59 所示单击"输入"按钮，导入结果如图 5-60 所示。

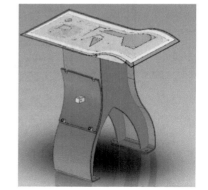

图 5-59　单击"输入"按钮

图 5-60　外围模型导入

## 5.3　工业机器人系统工作轨迹生成

### 5.3.1　导入轨迹

单击导入轨迹 ，会弹出如图 5-61 所示的对话框，根据需要选择相应的轨迹。

### 5.3.2　生成轨迹

（1）沿着一个面的一条边

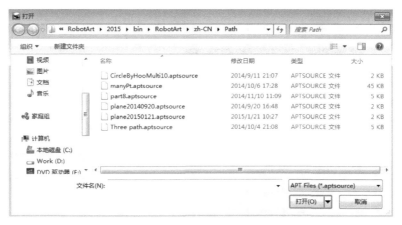

图 5-61 "导入轨迹"对话框

该类型是通过将三维模型的某个面的边的轨迹路径,选择面作为轨迹的法向。该类型通过制定的一条边和其轨迹方向加上提供轨迹法向的平面来确定轨迹。其操作步骤如表 5-14 所示。

**表 5-14** 沿着一个面的一条边操作步骤

| 步骤 | 图 示 | 说 明 |
|---|---|---|
| 1 | 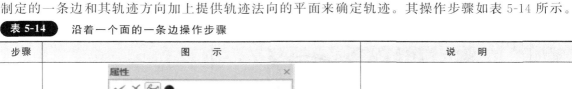 | 单击"生成轨迹",左侧会出现如图所示的属性面板<br>在属性面板的类型栏中选择"沿着一个面的一条边",拾取元素栏中有线、面和点,红色代表当前工作状态 |

续表

| 步骤 | 图 示 | 说 明 |
|---|---|---|
| 1 | 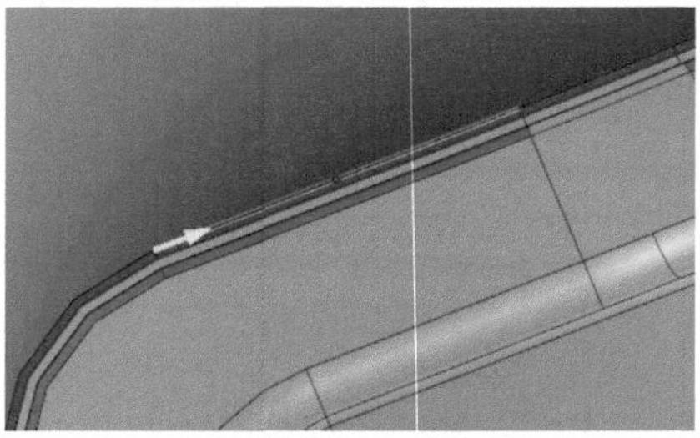 | 选择完类型后,用鼠标先选择所需要生成的轨迹中的一段平面的边(如图中成高亮状态的一条边)。并选择轨迹方向(单击小箭头可以更换方向) |
| 2 | 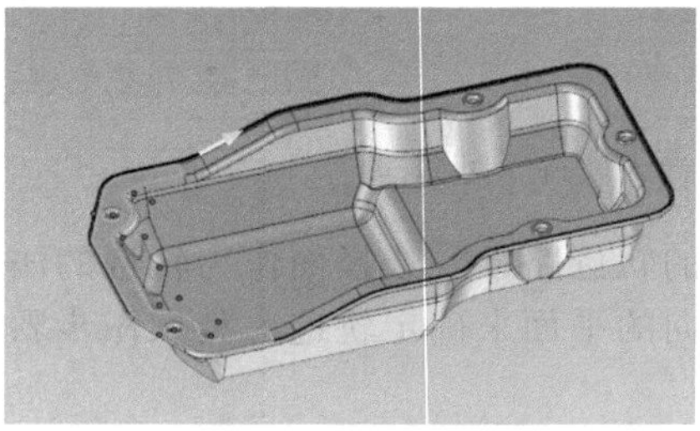 | 选择如图所示的一个供轨迹法向的平面 |
| 3 | 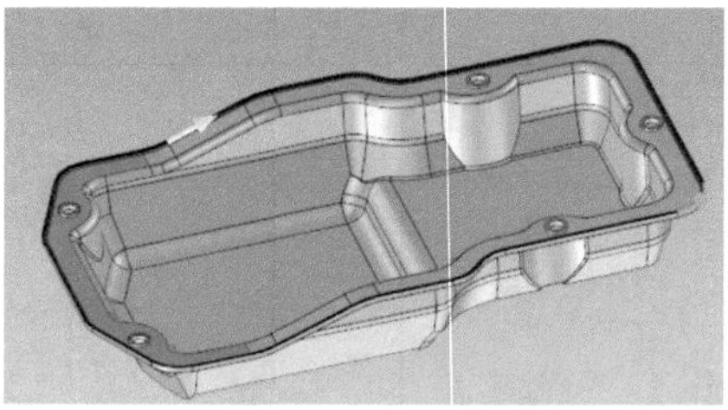 | 选择如图所示的终止点 |
| 4 | 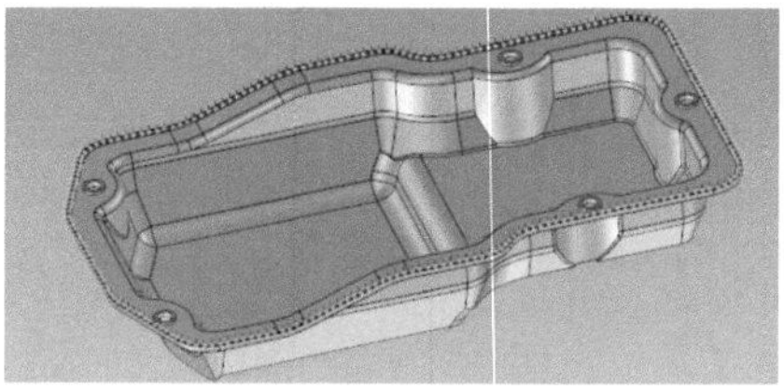 | 完成上述三步后单击"确定",会自动生成如图所示的轨迹 |

（2）一个面的外环

该类型是通过将三维模型的某个面的边的轨迹路径，选择面作为轨迹的法向。当所需要生成的轨迹为简单单个平面的外环边时，可以通过这种类型来确定轨迹。其操作步骤如表 5-15 所示。

表 5-15　一个面的外环操作步骤

| 步骤 | 操 作 | |
|---|---|---|
| 1 | 说明 | 单击"生成轨迹",在左侧弹出的属性面板中的类型栏中选择"一个面的外环",之后可将鼠标放进操作页面。当鼠标停留在零件的某个面上时,会将面预选中,并将颜色转为绿色 |
| | 图示 |  |

续表

| 步骤 | 操作 | |
|---|---|---|
| 2 | 说明 | 单击鼠标左键,选中该面,并点击确定,轨迹路径将会被自动生成出来 |
| | 图示 |  |

（3）一个面的一个环

这个类型与一个面的外环类型相似，但是比一个面的外环类型多的功能是可以选择简单平面的内环。其操作步骤如表 5-16 所示。

**表 5-16** 一个面的一个环操作步骤

| 步骤 | 操作 | |
|---|---|---|
| 1 | 单击"生成轨迹",在左侧弹出的属性面板的类型中选择"一个面的一个环",拾取零件的线和面 | |
| 2 | 说明 | 先选择如图所示的所要生成的轨迹的环 |
| | 图示 | 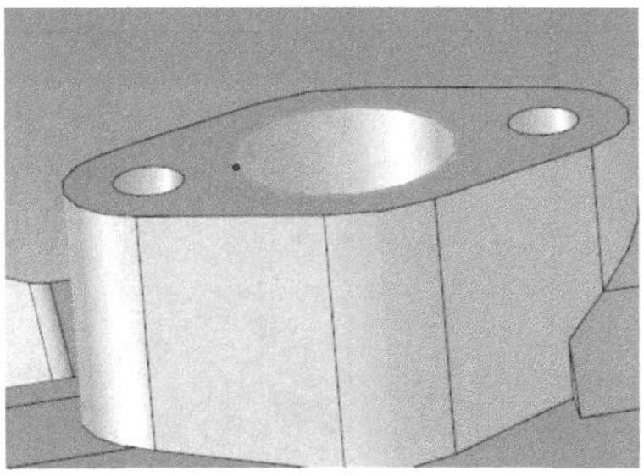 |
| 3 | 说明 | 再选择这个环所在的面 |
| | 图示 | 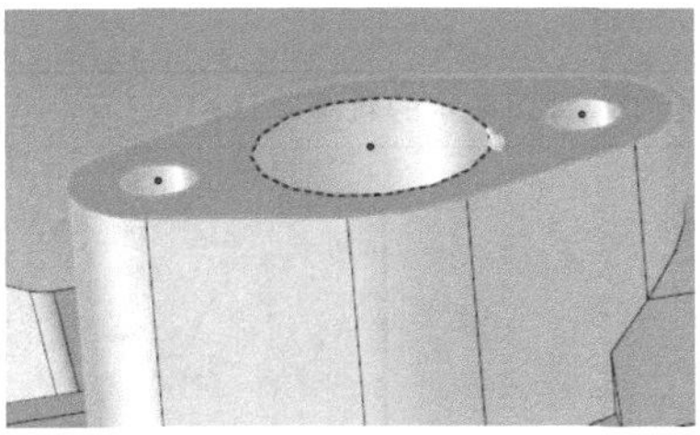 |
| 4 | 说明 | 单击"确定",会生成如图所示的轨迹 |
| | 图示 | 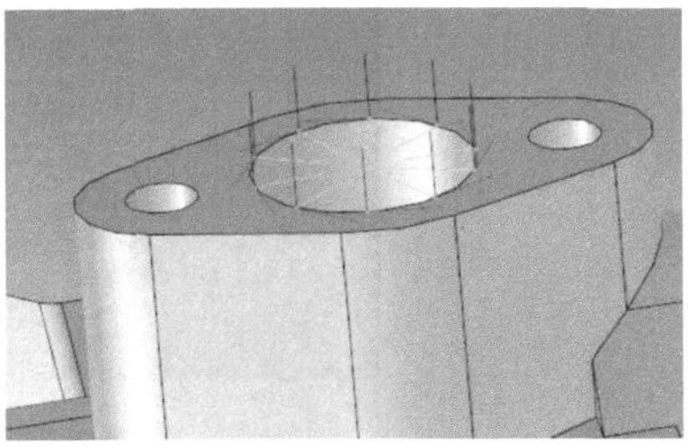 |

(4) 曲线特征

由曲线加面生成轨迹，可以实现完全设计自己的空间曲线作为轨迹路径，选择面或独立方向作为轨迹法向。其操作步骤如表 5-17 所示。

表 5-17 曲线特征操作步骤

| 步骤 | 操作 | |
| --- | --- | --- |
| 1 | 单击"生成轨迹"，在左侧弹出的属性面板的类型中选择"曲线特征"，拾取零件的线和面 | |
| 2 | 说明 | 选择所要生成轨迹的边 |
| | 图示 | 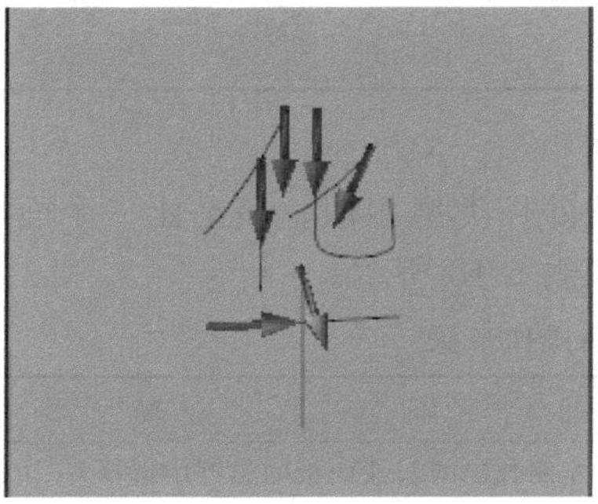 |
| 3 | 说明 | 再选择作为轨迹法向的一个平面 |
| | 图示 | 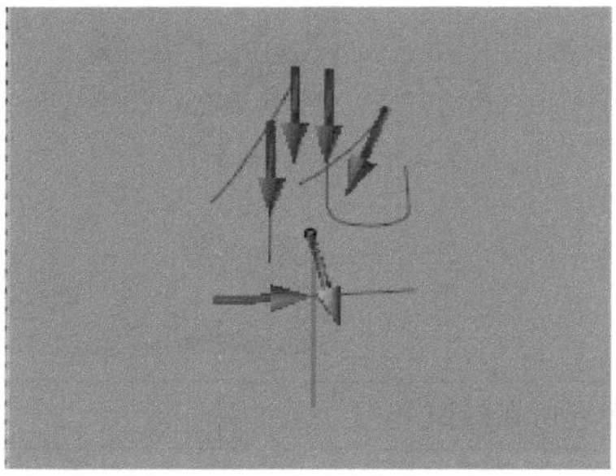 |
| 4 | 说明 | 点击确定，会生成如图所示的轨迹 |
| | 图示 | 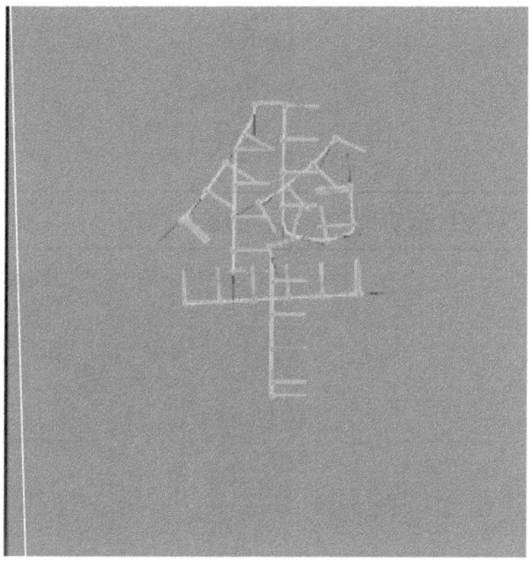 |

(5) 单条边

这个类型可以满足多种轨迹设计的思路。该类型通过对单条线段的选择，加上选择一个面作为轨迹法向，实现轨迹设计。其操作步骤如表 5-18 所示。

**表 5-18** 单条边操作步骤

| 步骤 | 操作 | |
|---|---|---|
| 1 | 单击"生成轨迹"，在左侧弹出的属性面板的类型中选择"单条边"，拾取零件的线和面 | |
| 2 | 说明 | 首先选择如图所示的零件的一条边 |
| | 图示 | 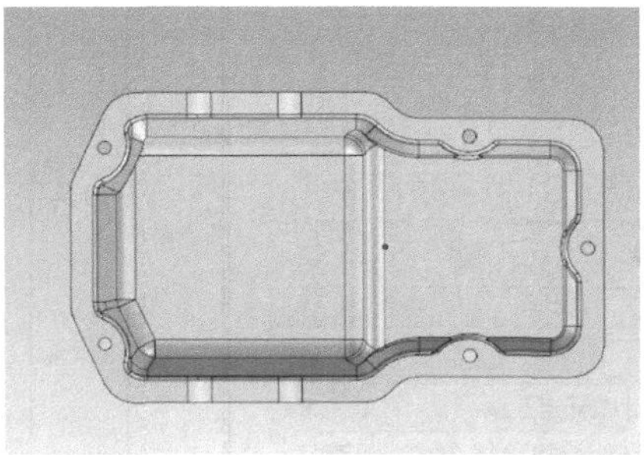 |
| 3 | 说明 | 选择如图所示的面作为轨迹的法向量 |
| | 图示 | 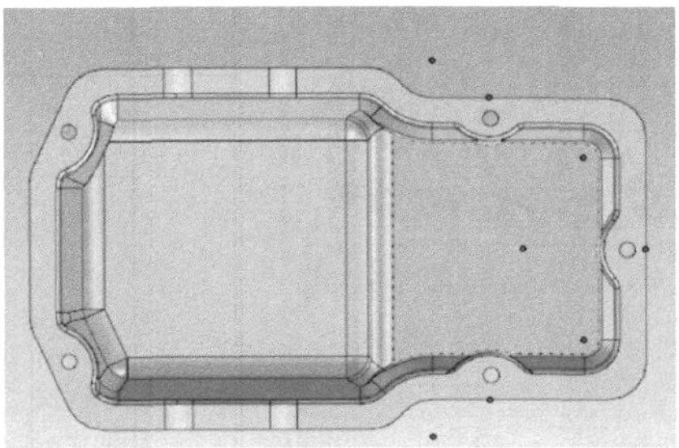 |
| 4 | 说明 | 单击"确定"，生成如图所示的轨迹 |
| | 图示 | 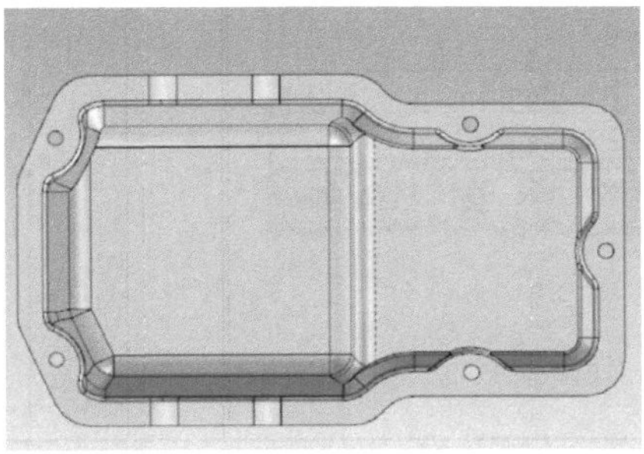 |

(6) 点云打孔

其操作步骤如表 5-19 所示。

表 5-19 点云打孔操作步骤

| 步骤 | | 操 作 | 步骤 | | 操 作 |
|---|---|---|---|---|---|
| 1 | 说明 | 单击"生成轨迹",在左侧弹出的属性面板的类型中选择"点云打孔",左侧会出现如图所示的属性面板 | 2 | 说明 | 首先选择如图所示的点和图中的零件 |
| | 图示 | 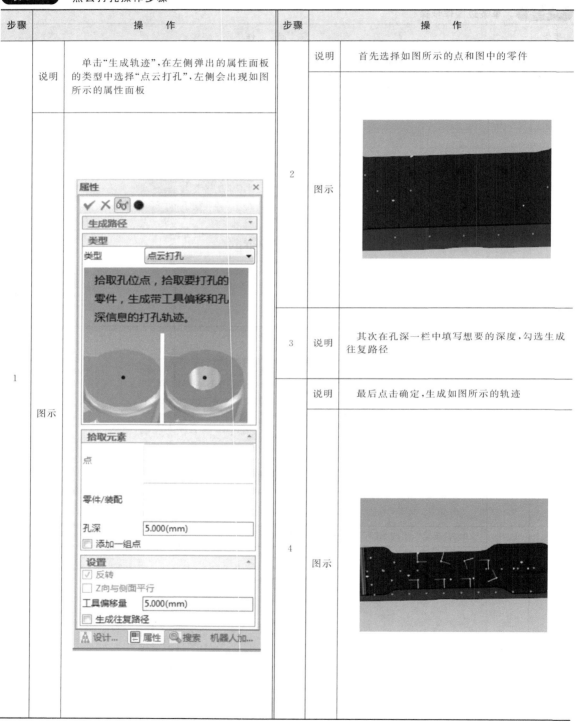 | | 图示 | |
| | | | 3 | 说明 | 其次在孔深一栏中填写想要的深度,勾选生成往复路径 |
| | | | 4 | 说明 | 最后点击确定,生成如图所示的轨迹 |
| | | | | 图示 | |

(7) 打孔

其操作步骤如表 5-20 所示。

表 5-20　打孔操作步骤

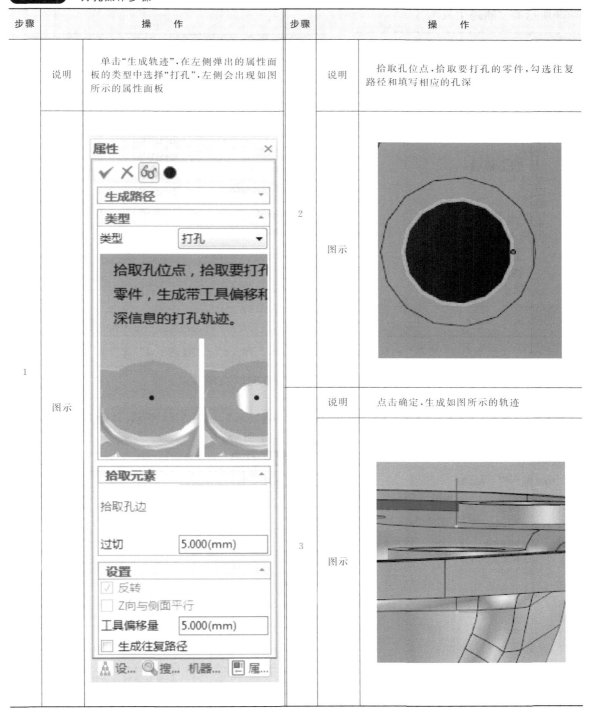

## 5.3.3　轨迹选项

（1）轨迹点选项

生成轨迹后左侧会出现"机器人加工管理"面板（如图 5-62 所示）。

右击"加工轨迹6",在弹出的列表中选择"选项",在弹出的"选项"对话框中选择如图5-63所示的"轨迹生成"。

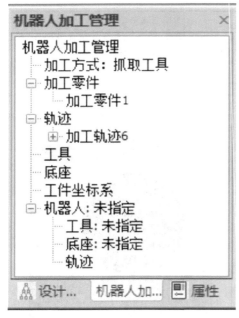

图 5-62　"机器人加工管理"面板　　　　图 5-63　"轨迹生成"选项卡

在轨迹选项卡中可以更改轨迹点的步长、点的方向以及偏移量。

（2）显示选项

在上述操作弹出的"选项"对话框中选择"轨迹显示"如图5-64所示。"轨迹显示"选项卡中可以对轨迹点和轨迹线作相应的操作,如表5-21所示。

表 5-21　显示选项的操作

| 序号 | 操作 | 说明 |
| --- | --- | --- |
| 1 | 显示轨迹点 | 显示出轨迹点的位置点 |
| 2 | 显示轨迹姿态 | 是否显示出轨迹点的 XYZ 轴,其中红色为 X 轴,绿色为 Y 轴,蓝色为 Z 轴 |
| 3 | 显示轨迹序号 | 是否标识出轨迹点的序号 |
| 4 | 显示轨迹线 | 是否用多段线将轨迹点连接起来 |
| 5 | 点大小 | 如果显示轨迹点的话,显示效果的大小,单位为像素值 |

图 5-64　显示选项

### 5.3.4　轨迹操作命令

其操作步骤如表5-22所示。

表 5-22  轨迹操作命令操作步骤

| 操作 | 步骤 | | 说 明 |
|---|---|---|---|
| 删除轨迹 | 1 | 说明 | 如果当前生成的轨迹不是最终想要的,可以把当前生成的轨迹进行删除,重新生成正确的轨迹<br>在机器人加工管理树中的轨迹上右击会弹出轨迹列表 |
| | | 图示 | 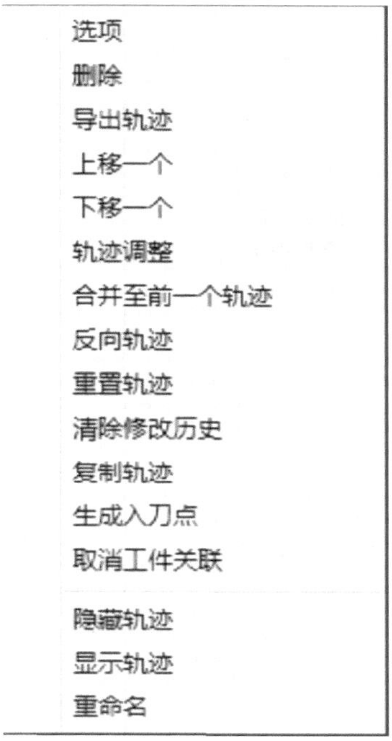 选项<br>删除<br>导出轨迹<br>上移一个<br>下移一个<br>轨迹调整<br>合并至前一个轨迹<br>反向轨迹<br>重置轨迹<br>清除修改历史<br>复制轨迹<br>生成入刀点<br>取消工件关联<br>隐藏轨迹<br>显示轨迹<br>重命名 |
| | 2 | 说明 | 选择"删除",则删除了当前的轨迹 |
| | | 删除轨迹前图示 | 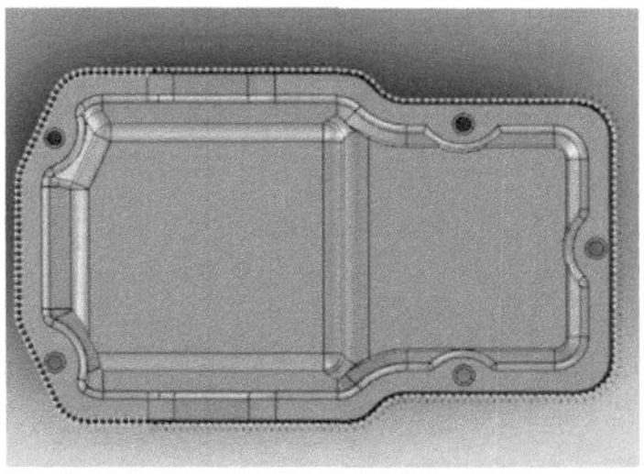 |
| | | 删除轨迹后图示 | 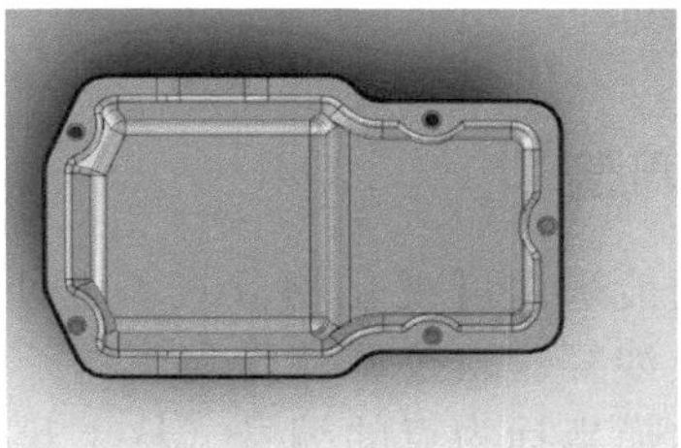 |

续表

| 操作 | 步骤 | | 说明 |
|---|---|---|---|
| 上移一个 | 说明 | | 有时候生成轨迹的顺序并不是实际中所需要的，这时候就需要对轨迹的顺序进行调整<br>在轨迹列表中选择"上移一个"，所选的轨迹会上移一个位置 |
| | 轨迹 477<br>上移前图示 | 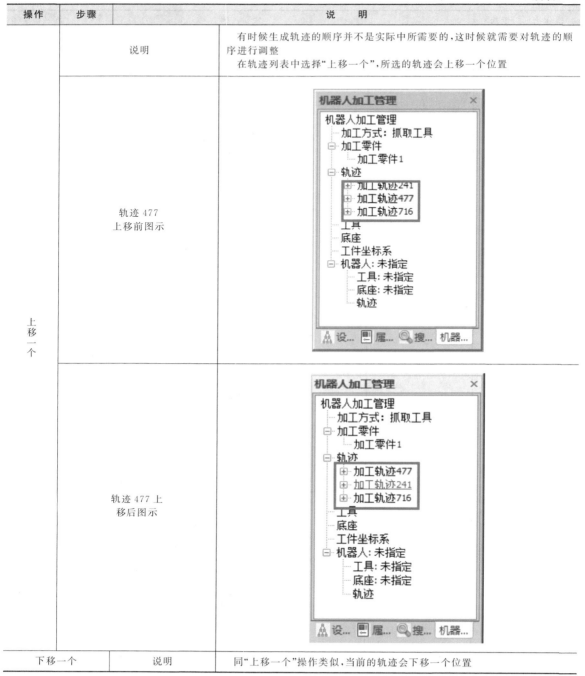 | |
| | 轨迹 477 上<br>移后图示 | | |
| 下移一个 | 说明 | | 同"上移一个"操作类似，当前的轨迹会下移一个位置 |

### 5.3.5 轨迹调整

轨迹调整功能采用可视化的方式，方便快捷地调整轨迹点的姿态，避开机器人的奇异位置、轴超限、干涉等。轨迹调整是利用一条曲线调整工具方向的旋转角度，实现对轨迹点的姿态调整，曲线的横坐标为点的编号（从 1 开始编号），纵坐标为工具方向的旋转角度（范围为 $-180°\sim180°$）。图 5-65 为轨迹调整前的图样。

图 5-65　轨迹调整前

中间的水平线为工具方向旋转角度为 0°的位置和姿态。点击该水平线出现曲线的两个端点和控制曲线在端点处切向，如图 5-66 所示。

图 5-66　轨迹调整控制点

（1）修改点和修改曲线的形状

可以选择端点或者曲线切向的控制点，修改曲线的端点或切向如图 5-67、图 5-68 所示。

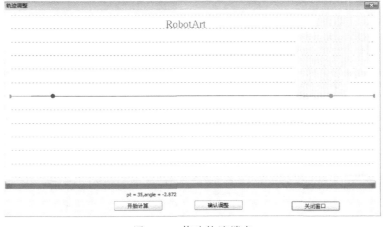

图 5-67　修改轨迹端点

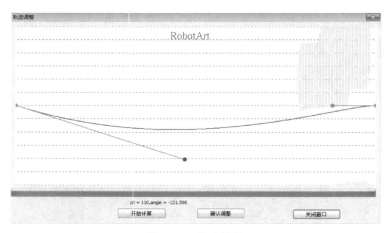

图 5-68　修改结果

（2）增加点和删除点

在绘图区域的空白处单击鼠标右键，则出现增加点和删除点的功能。增加点是在鼠标的位置处增加一个控制曲线位置的点，删除点是删除选择的点。如图 5-69 所示。单击"增加点"后曲线上增加了一个点和在该点处的切向点，如图 5-70 所示。

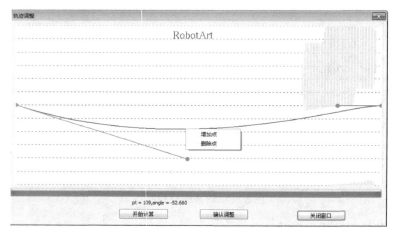

图 5-69　增加点和删除点

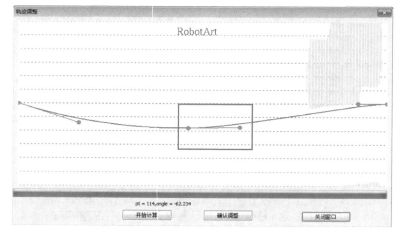

图 5-70　增加的点

(3) 轨迹调整的步骤

首先选择计算密度，数字越小，计算越快。然后选择开始计算，计算完成后，根据需要调整曲线的形状，调整完毕以后，选择确认调整。如果不想用调整结果，不选择确认调整，选择关闭窗口，退出轨迹调整。

## 5.3.6 合并前一个轨迹

单击此项，可以将该条轨迹与前一条轨迹合并成一条轨迹（如图 5-71、图 5-72 所示）。

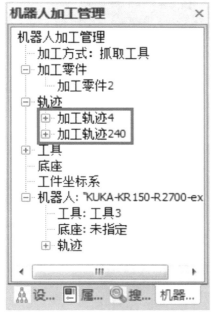
图 5-71 合并轨迹前

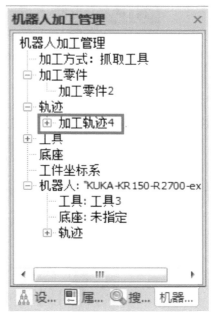
图 5-72 合并轨迹后

(1) 反向轨迹

有时候生成的轨迹和所要运行时的轨迹相反，这时就可以选择"反向轨迹"，选择后轨迹运动的方向和生成轨迹时的方向相反。如图 5-73、图 5-74 所示。

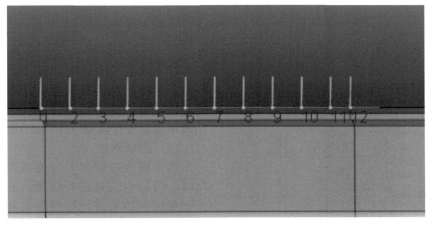
图 5-73 反向轨迹前

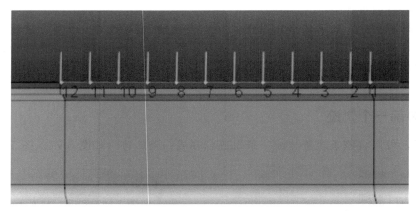

图 5-74　反向轨迹后

（2）生成入刀出刀点

在对零件进行加工的过程中需要生成入刀点和出刀点，右击轨迹列表中的"生成入刀点"，会自动在第一个轨迹点和最后一个轨迹点生成入刀点和出刀点，如图 5-75 所示。

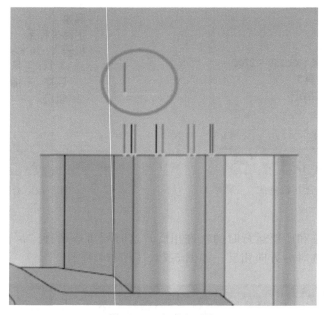

图 5-75　生成入刀点

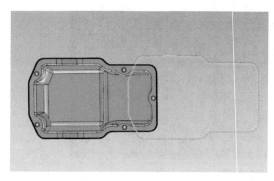

图 5-76　取消工件关联后移动零件轨迹不移动

（3）取消工件关联

默认轨迹与零件关联，移动零件轨迹跟随零件移动，点击此项之后，移动零件，该轨迹不随着零件移动（如图 5-76 所示）。

（4）隐藏轨迹

当生成轨迹较多不方便观察轨迹点的变化时，可以对轨迹进行隐藏。右击左侧机器人管理树中的轨迹，在弹出的轨迹列表中选择"隐藏轨迹"，可对选择的轨迹进行隐藏（如图 5-77、图 5-78 所示）。

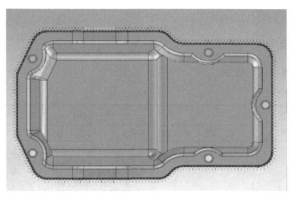

图 5-77　隐藏轨迹前

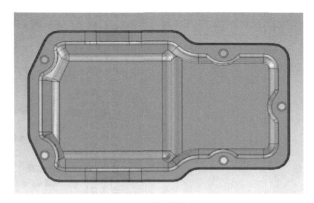

图 5-78　隐藏轨迹后

（5）显示轨迹

显示轨迹与隐藏轨迹的作用是相反的，可参考隐藏轨迹。

（6）重命名

单击轨迹列表中的"重命名"，可对轨迹名称进行修改（如图 5-79、图 5-80 所示）。

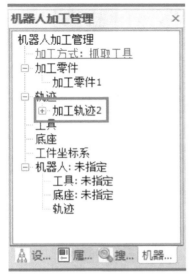

图 5-79　轨迹重命名前

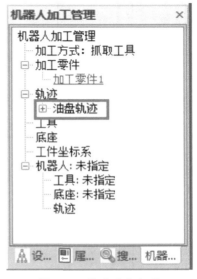

图 5-80　轨迹重命名后

## 5.3.7 轨迹点操作命令

轨迹点操作命令如表 5-23 所示。

**表 5-23** 轨迹点操作命令

| 操作 | 步骤 | | 说　明 |
|---|---|---|---|
| 运动到点 | 1 | 说明 | 此功能需要在设计环境中导入机器人和工具。选中一个点，右键选择"运动到点" |
| | | 图示 | 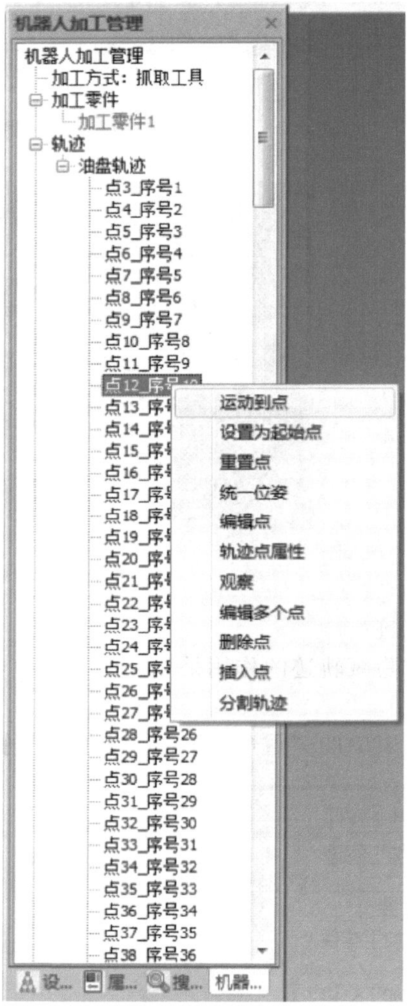 |
| | 2 | 说明 | 在轨迹点 10 上右击"运到到点"工具会运动到第 10 个点 |
| | | 图示 | 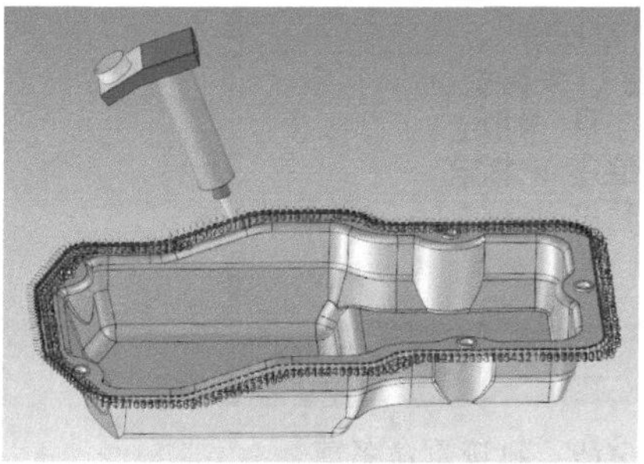 |

续表

| 操作 | 步骤 | | 说明 |
|---|---|---|---|
| 设置为起始点 | | 说明 | 此功能可以改变起始点的位置。如在轨迹点 5 上右击"设置为起始点",机器人将会将第 5 个点作为起始点开始进行工作 |
| | | 设置起始点图示 | 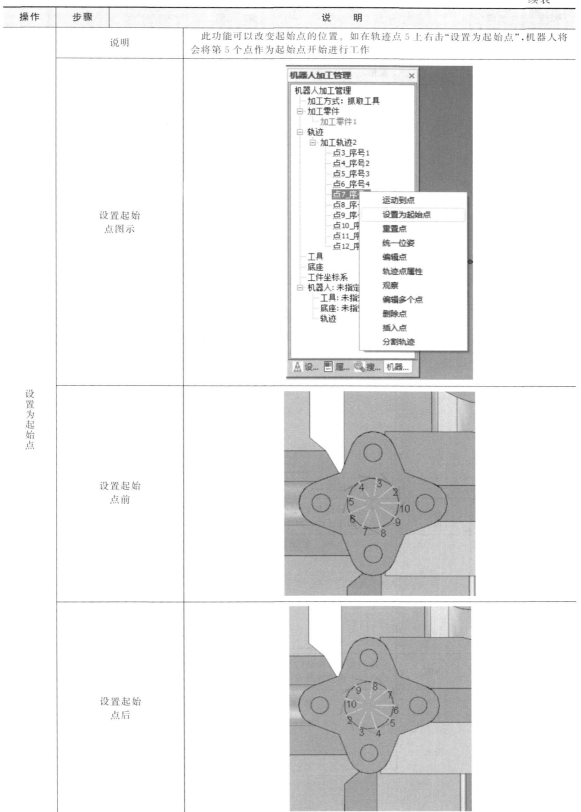 |
| | | 设置起始点前 | |
| | | 设置起始点后 | |

续表

| 操作 | 步骤 | | 说　　明 |
|---|---|---|---|
| 编辑点 | 统一位姿 | 说明 | |
| | | 说明 | 选择需要编辑的点，右键选择"编辑点"，弹出三维球，可对点进行平移、旋转等操作 |
| | | 图示 | 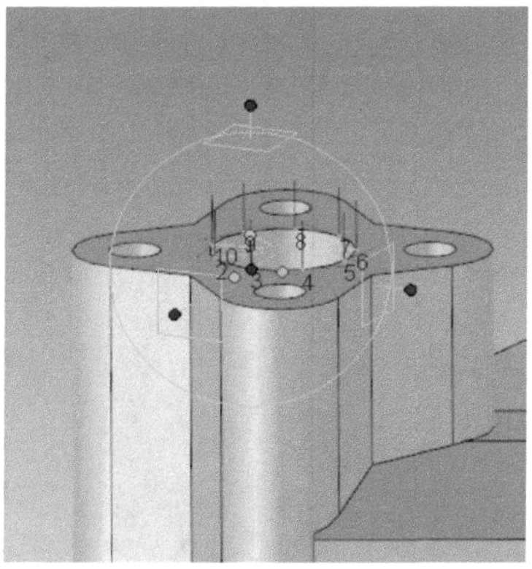 |
| 轨迹点属性 | | 说明 | 点击该选项后可显示点的位姿 |
| | | 图示 | 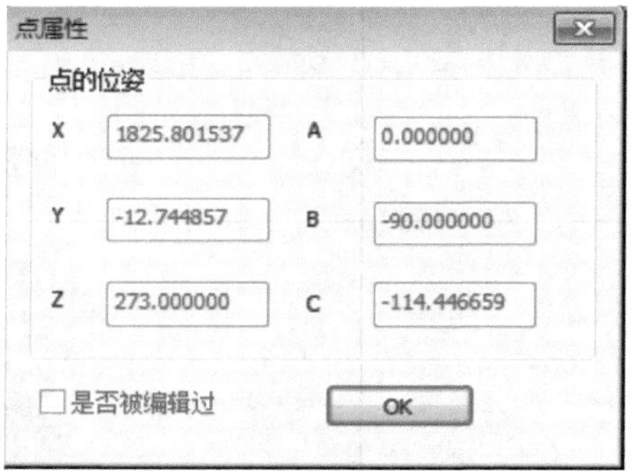 |
| 观察 | | 说明 | 点击该选项，以点的Z轴方向观察点 |
| 编辑多个点 | 1 | 说明 | 该功能可以方便地同时编辑多个点，编辑过的点平滑地过渡到未编辑的点，提高了轨迹的连续性。点击该选项后，弹出对话框 |
| | | 图示 | |
| | 2 | 说明 | 输入要被影响到的点，点数越多，过渡得越平滑，视需要而定，向前表示被影响到的点位于该点的前方，向后表示被影响到的点位于该点的后方 |
| | | 图示 | 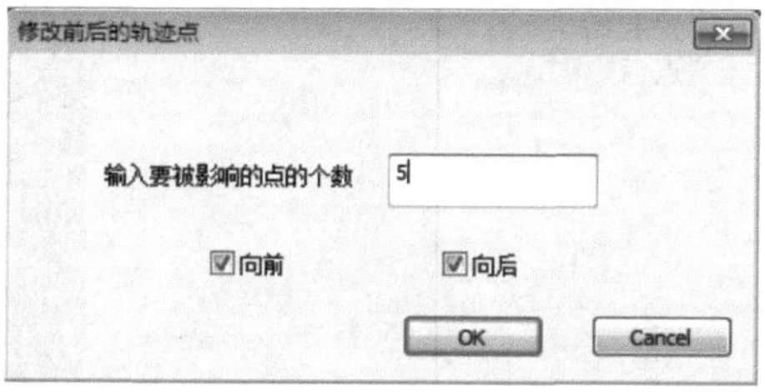 |

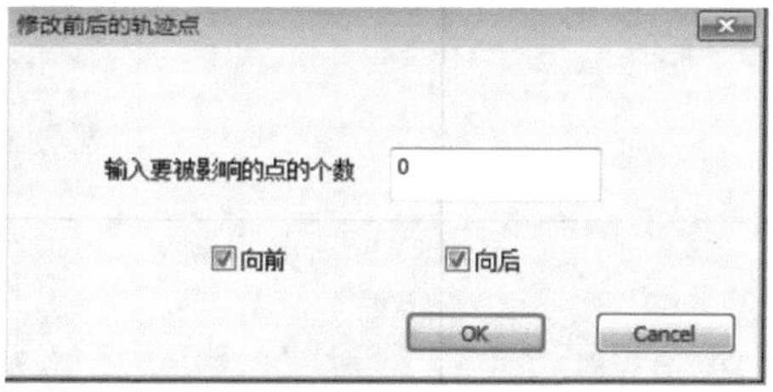

续表

| 操作 | 步骤 | | 说明 |
|---|---|---|---|
| 编辑多个点 | 3 | 说明 | 单击"确定"按钮后,在该点上弹出三维球,可进行编辑 |
| | | 图示 | 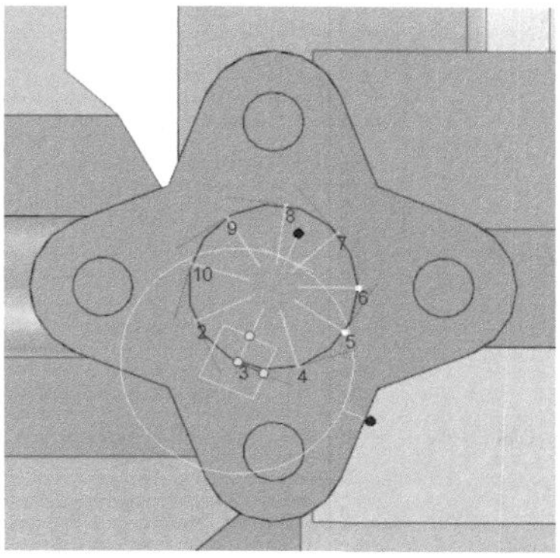 |
| 删除点 | | 说明 | 选择该选项删除当前点 |
| | | 删除点前图示 | 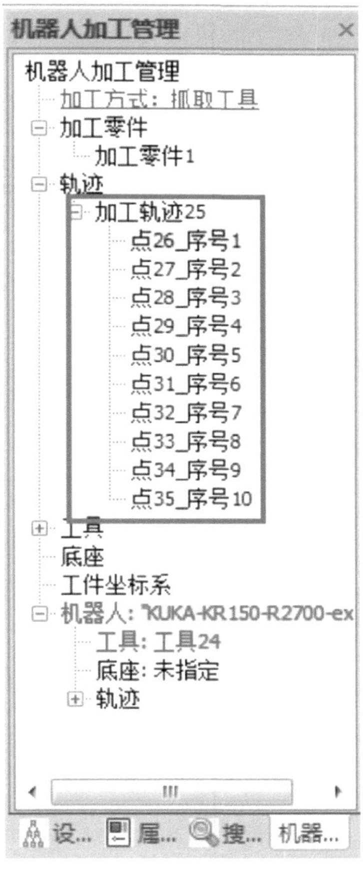 |

| 操作 | 步骤 | | 说　明 | |
|---|---|---|---|---|
| 删除点 | 删除点后图示 | |  | |
| 插入点 | 说明 | | 插入点与删除点的作用相反 | |
| 分割轨迹 | 说明 | | 点击该选项后，一条轨迹被分割成两条，前一条的末点和后一条的首点是同一个点 | |
| | 分割轨迹前图示 | | | |

续表

| 操 作 | 步 骤 | 说 明 |
|---|---|---|
| 分割轨迹 | 分割轨迹后图示 |  |

# 第 6 章

# 离线编程的应用

## 6.1 激光切割

### 6.1.1 环境搭建

环境搭建如表 6-1 所示。

表 6-1 环境搭建

| 操作 | 步骤 | | 说 明 |
|---|---|---|---|
| 选择机器人 | 说明 | | 首先选择现实中需要设计的轨迹的机器人。本次我们选择 STAUBLI-RX160L |
| | 1 | 单击 |  单击"选择机器人"按钮 |
| | 2 | 选择机器人 | 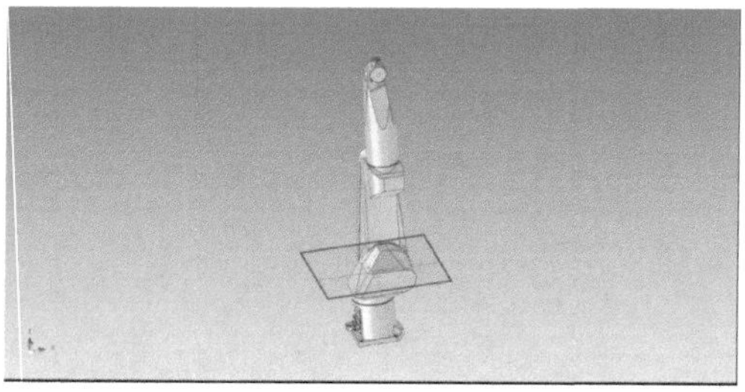 |
| 选择工具 | 说明 | | 选择现实中需要进行作业的工具,选择后机器人与零件会自动装配。本次我们选择激光三维切割头.ics |
| | 1 | 单击 |  单击"导入工具"按钮 |
| | 2 | 选择工具 | 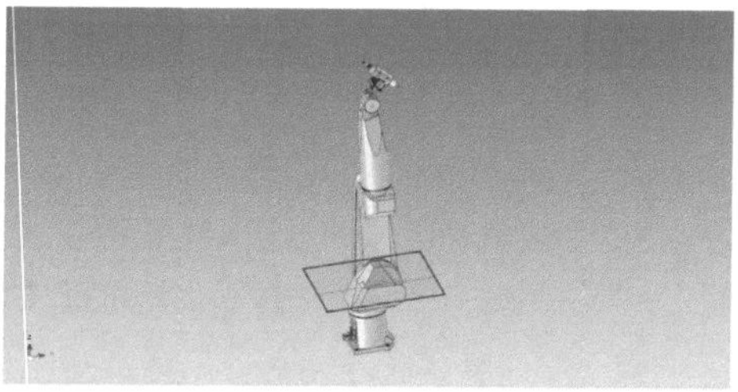 |
| 选择加工零件 | 说明 | | 选择现实中需要加工处理的零件。本次我们选择直管.ics |
| | 1 | 单击 |  单击"导入零件"按钮 |

续表

| 操作 | 步骤 | | 说明 |
|---|---|---|---|
| 选择加工零件 | 2 | 选择加工零件 | 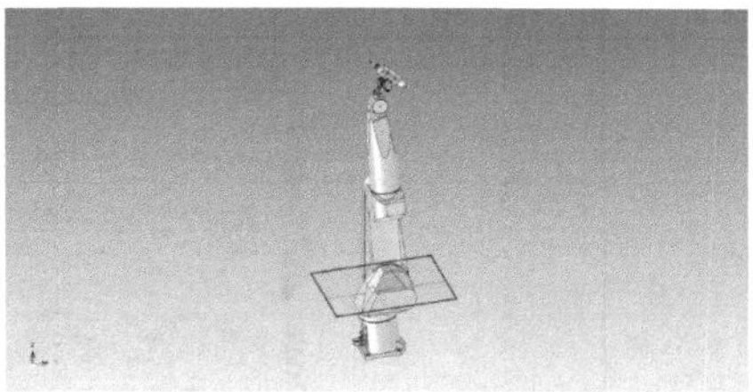 |
| 校准TCP | | 说明 | 完成上述三步。全部的器材已经准备好。真实的工作环境中,我们需要校准工具 TCP,校准零件的位置。下面介绍一下校准的方法,实际测量就不再过多叙述了。工作的第一步首先是校准 TCP,不同机器人的校准方法不完全一样,具体可参考机器人配套的使用手册,左侧的工具右单击选择 TCP 设置,填写测量后的 TCP<br>注意:设置完后,会发现工具与机器人分离,在真实环境中是接触的,由于误差出现这种情况,但在设计环境中不会有影响 |
| | 1 | 选择 TCP 设置 | 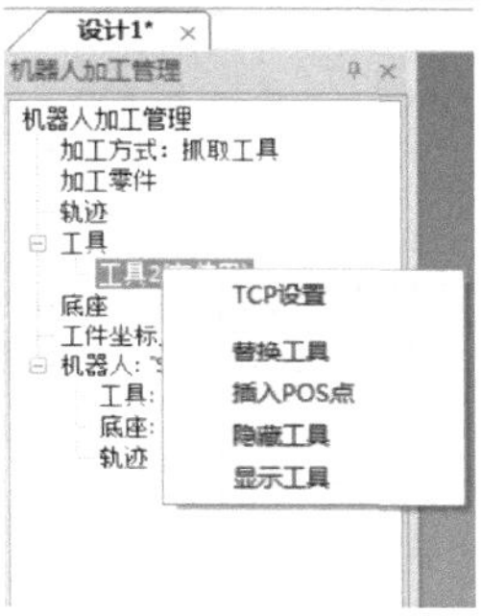 |
| | 2 | TCP 设置 | 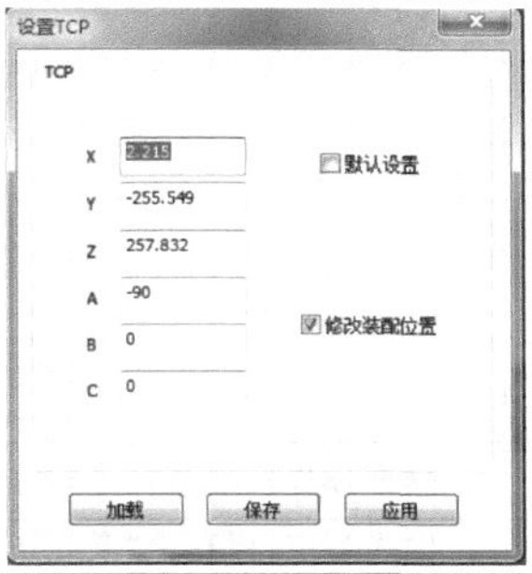 |
| 校准零件 | | 说明 | 现实中零件和机器人是有一个相对位置的。我们要保证软件中的位置与现实中的位置一致,这样设计的轨迹才有意义,才能确保设计的正确性。如果现实中机器人与零件的摆放位置已经固定,就需要进行零件校准 |
| | 1 | 说明 | 选择图标工件校准 |
| | | 图示 |  |
| | 2 | 说明 | 制定模型上三个点(不要在一条直线上,比较有特征,现实中好测量容易辨识的点)。先指定第 1 个点 |
| | | 图示 | 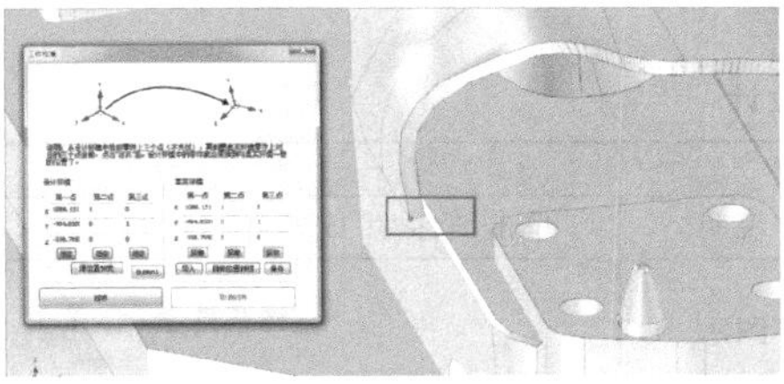 |

| 操作 | 步骤 | | 说 明 |
|---|---|---|---|
| 校准零件 | 3 | 说明 | 指定第 2 个点 |
| | | 图示 | 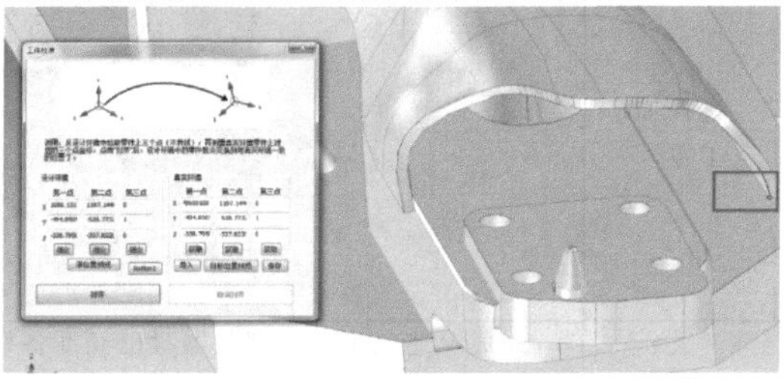 |
| | 4 | 说明 | 指定第 3 个点 |
| | | 图示 | 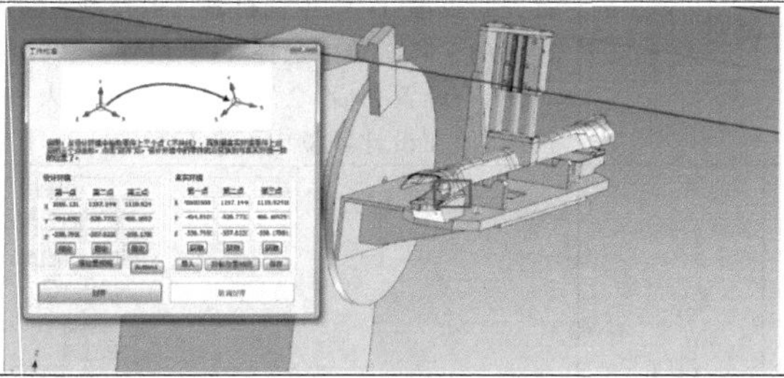 |
| | 5 | 说明 | 现实中测量上面指定的这三个点,然后输入单击对齐。这样现实环境与软件环境就一致了 |
| | | 图示 | 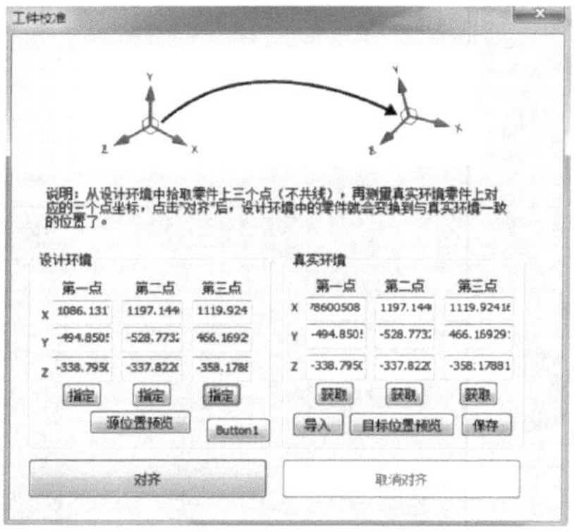 |
| | 6 | 说明 | 这样环境就准备好了,然后就可以进行轨迹设计 |
| 保存工程 | | 说明 | 输入名字,保存为"激光切割.robx"。这样后续修改直接打开就可以了 |
| | | 图示 |  |

## 6.1.2 轨迹设计

设计一条完美的轨迹,需要时间最优(没用的路径越少越好,提高效率)。空间最优(没有干扰,没有碰撞)复杂的路径需要多次生成。如果符合 3D 模型的话,是可以一次生成的,如表 6-2 所示。

**表 6-2** 轨迹设计

| 操作 | 步骤 | | 说 明 |
|---|---|---|---|
| 轨迹生成 | 1 | 说明 | 单击图标"生成轨迹" |
| | | 图示 |  |

续表

| 操作 | 步骤 | | 说　　明 |
|---|---|---|---|
| 轨迹生成 | 2 | 说明 | 选择生成方式,本次选择沿着一个面的一条边。然后在零件上选择一条边。有时生成的方向不是我们想要的方向,再单击一次,自动调转180° |
| | 3 | 说明 | 左边会发现有三个框,分别是线、面、点。红色代表当前是工作状态 |
| 分别选择线、面、点 | 1 | 说明 | 先单击左边的线,线变红后选择要切割面的一条线(箭头方向不正确的话再单击一次) |
| | | 图示 | 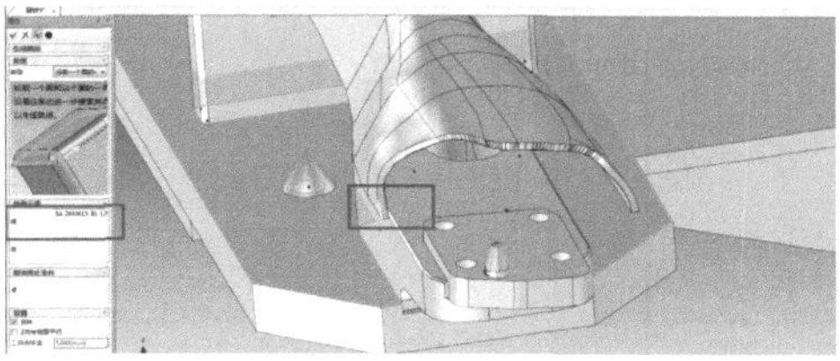 |
| | 2 | 说明 | 单击一下面。面变红后选择零件的一个面 |
| | | 图示 | 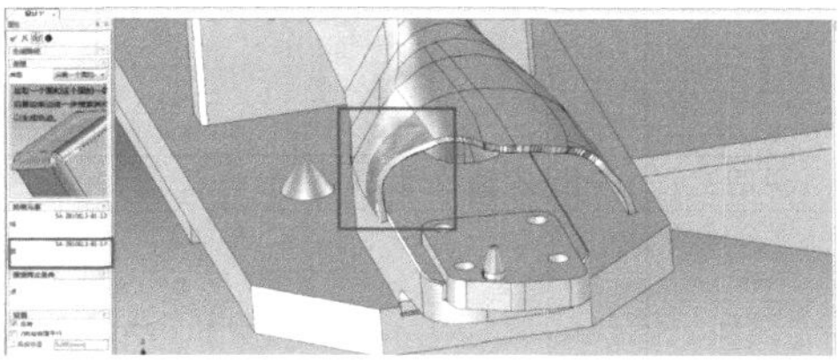 |
| | 3 | 说明 | 单击一下点。选择切割的终点 |
| | | 图示 | 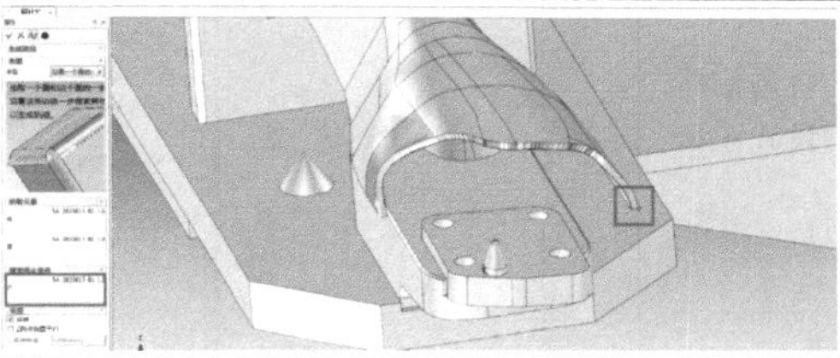 |
| | 4 | 说明 | 单击对号。轨迹就会生成 |
| | | 图示 | 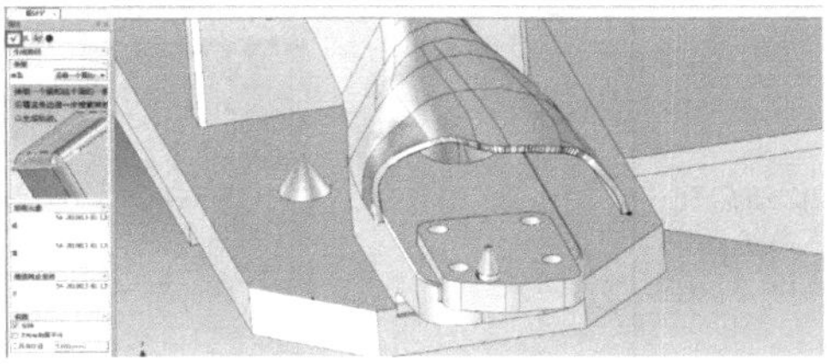 |
| | 5 | 说明 | 生成轨迹 |
| | | 图示 | 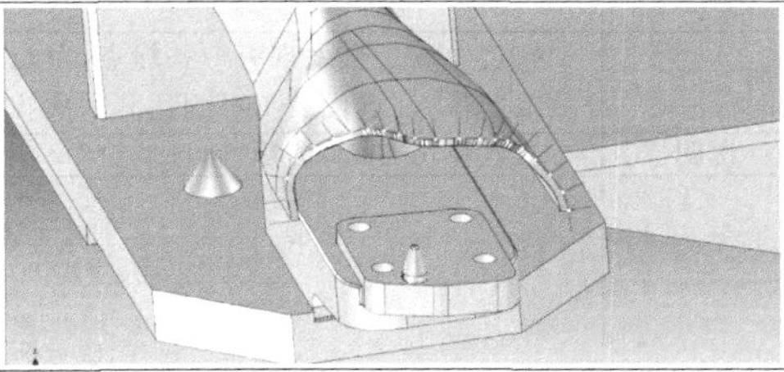 |
| | 6 | 说明 | 按照1~5方式生成第2条轨迹 |
| | | 图示 |  |

续表

| 操作 | 步骤 | | 说　　明 |
|---|---|---|---|
| 轨迹偏移 | 1 | 说明 | 激光切割工具的切割头不能与零件接触。接触后会撞坏切割头。所以我们将轨迹沿$Z$轴移动$5$mm<br>$Z$轴固定是让$X$、$Y$指向一个方向。这个根据实际情况选择是否勾选 |
| | | 说明 | 选中轨迹单击右键选择"选项" |
| | | 图示 | 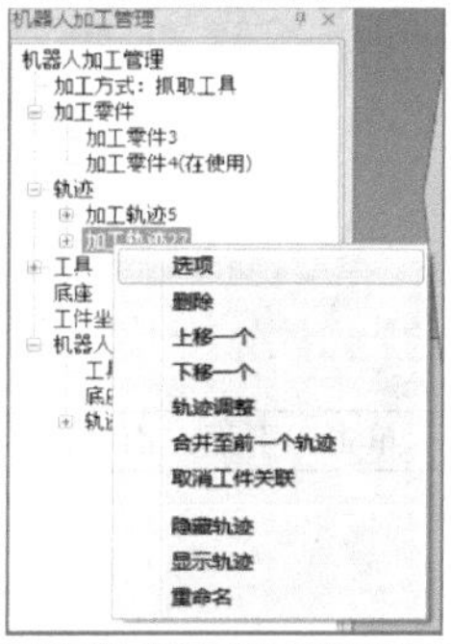 |
| | 2 | 说明 | 沿$Z$轴移动$5$mm |
| | | 轨迹偏移设置图示 | 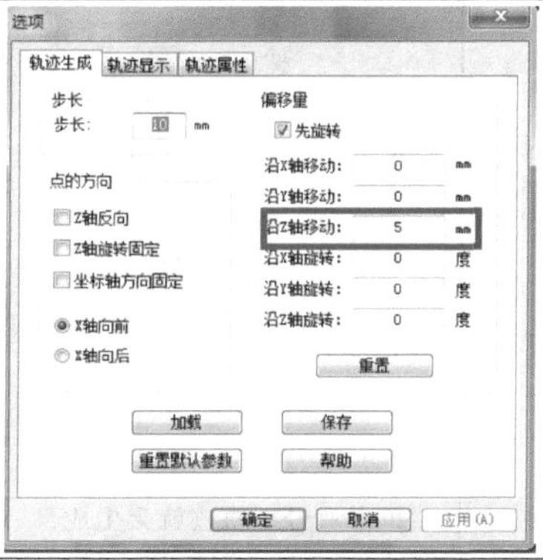 |
| | | 移动后如图示 | 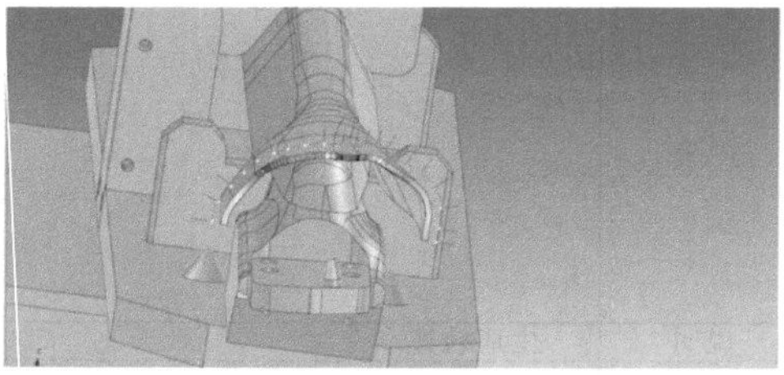 |
| 轨迹点姿态调整 | | 说明 | 轨迹生成后会发现有一些绿点、黄点或者红点。绿点代表正常的点,黄点代表机器人的关节限位,红点代表不可到达。本次我们的轨迹有一些黄色点 |
| | 1 | 说明 | 轨迹单击右键,选择"轨迹调整" |
| | | 图示 | 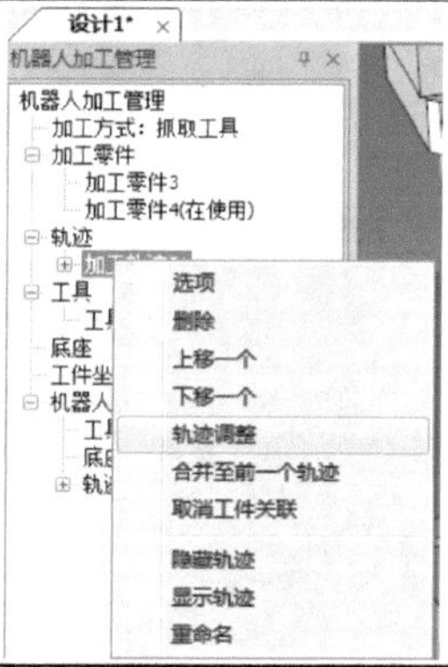 |

续表

| 操作 | 步骤 | | 说　　明 |
|---|---|---|---|
| 轨迹点姿态调整 | 2 | 说明 | 然后单击"开始计算"会生成下图。紫色的线与黄色的线重合，代表着该处轨迹限位。移动鼠标可以获得如下信息，Pt 代表轨迹点序号，angle 代表角度。也可以在紫色线上单击右键，选择增加点，方便调整轨迹。我们只要将右侧的轨迹点向上拖动就可以了 |
| | | 调整前轨迹图示 | 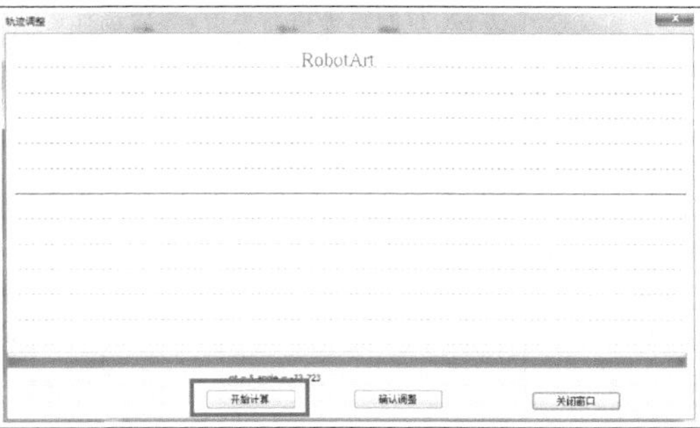 |
| | 3 | 说明 | 拖动绿色点如下图，请单击"确认调整" |
| | | 图示 | 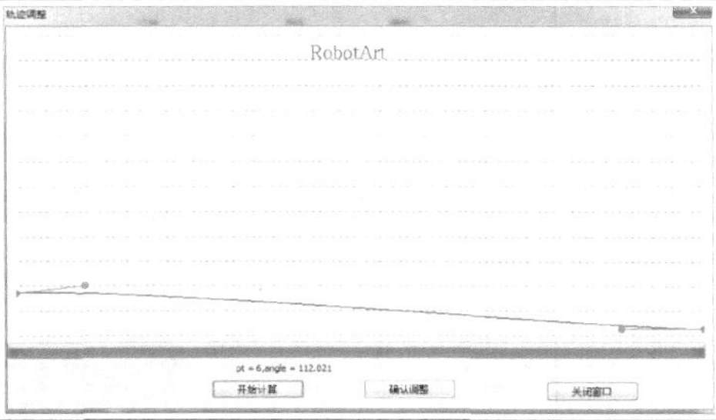 |
| | 4 | 说明 | 调整后会发现所有的点都变成了绿色 |
| | | 图示 | 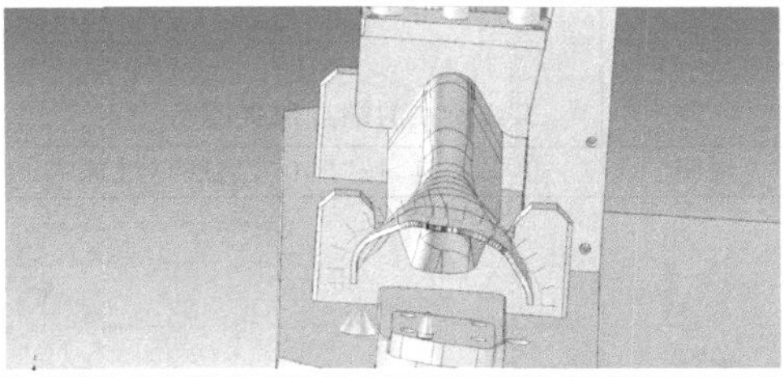 |
| | 5 | 说明 | 调整第 2 条轨迹 |
| | | 图示 | 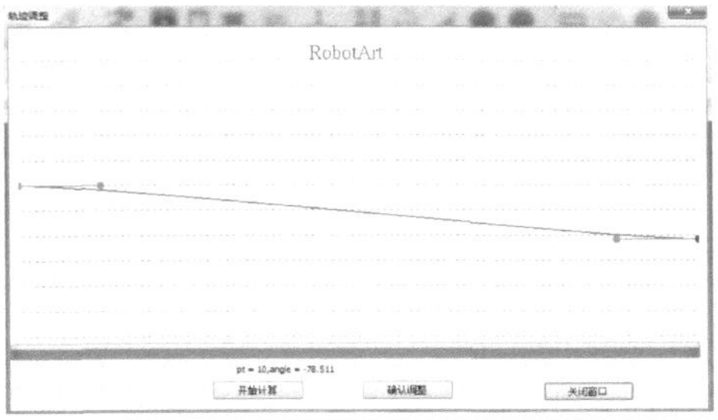 |
| | 6 | 说明 | 第二条轨迹调整后所有的点都变成了绿色 |
| | | 图示 | 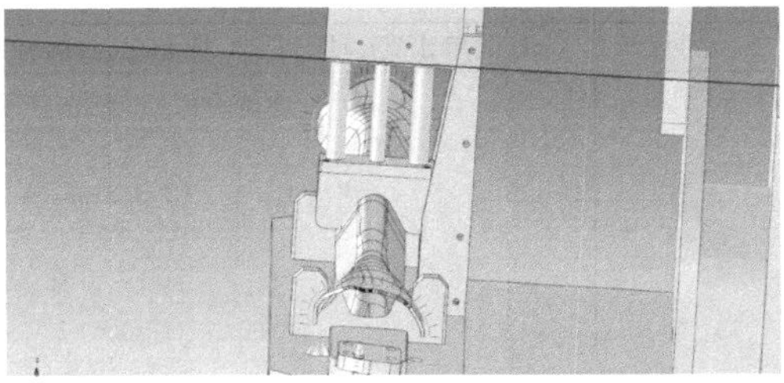 |

| 操作 | 步骤 | | 说　明 |
|---|---|---|---|
| 插入过渡点 | 说明 | | 　　生成两条轨迹后,会发现这两条轨迹没有联系。每一条轨迹都是单独的工作路径。这就需要我们加入一些过渡点<br>　　POS点一般距离轨迹端点不远,我们可以先让机器人运动到端点,再调节会轻松很多。方法:右侧轨迹树右单击,然后选择运动到点 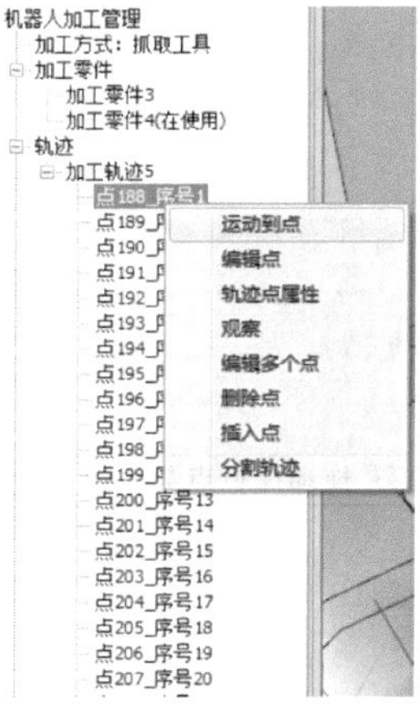<br><br>插入过渡点图示<br>这样工具就在端点的位置了。如图所示 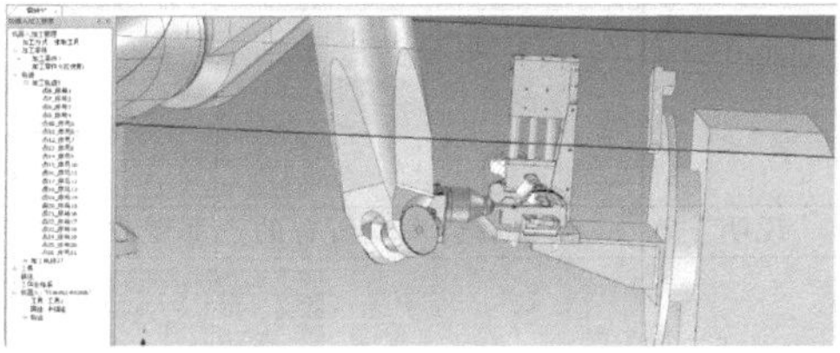<br><br>工具所在的端点位置图示 |
| | 1 | 说明 | 单击工具,按"F10",出现三维球 |
| | | 图示 | 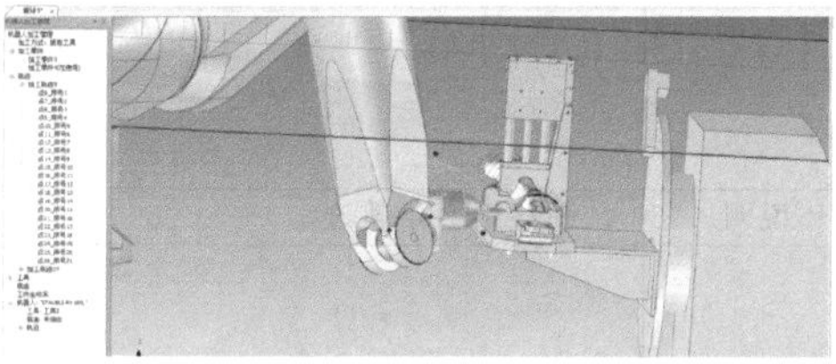 |
| | 2 | 说明 | 拖动三维球,将TCP移动到要加入POS点的位置 |
| | | 图示 | 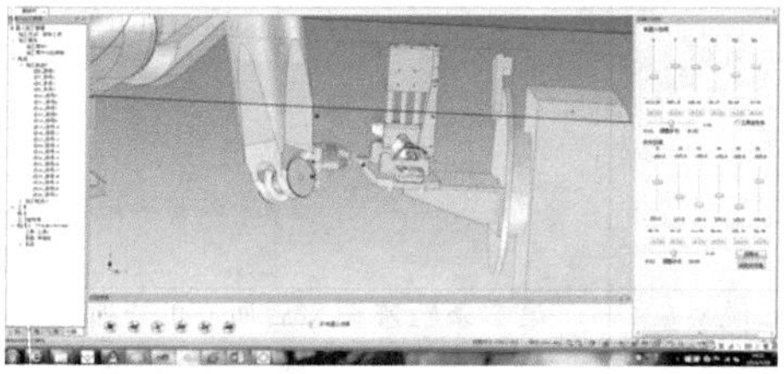 |
| | 3 | 说明 | 右键单击"工具",插入POS点。同样的方法就可以擦入多个POS点了 |
| | | 图示 | 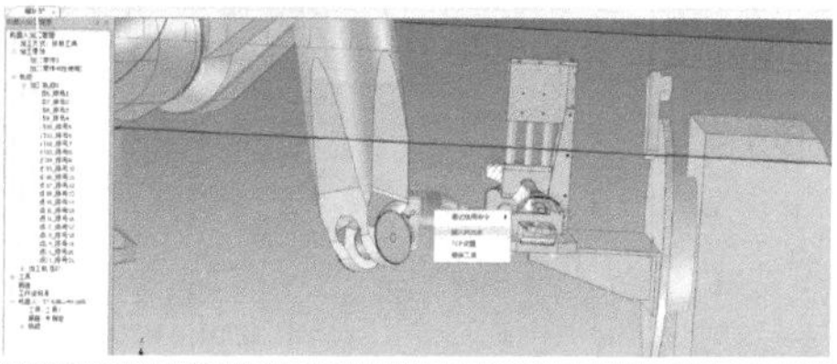 |

续表

| 操作 | 步骤 | | 说　明 |
|---|---|---|---|
| 插入过渡点 | 3 | 提示 | 插入 POS 点后会发现多了一条轨迹 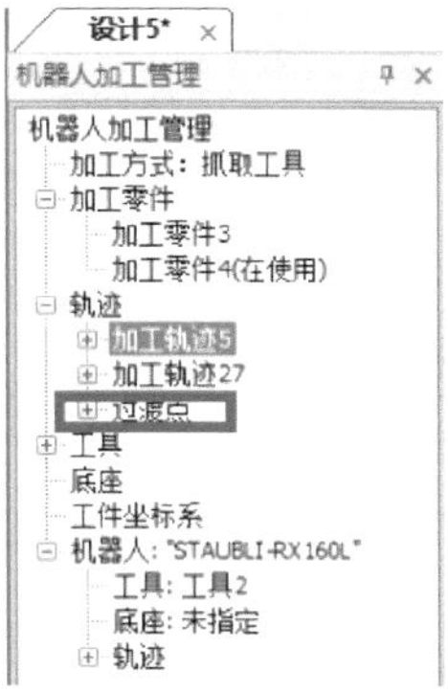 |
| | | 说明 | 为了方便管理,我们将它重新命名为"趋近点 1" |
| | | 图示 |  |
| | | 说明 | 命名为"趋近点 1" |
| | | 图示 |  |
| | | 说明 | 按照如上方法添加多个 POS 点 |
| | 4 | 说明 | 过渡点 1 生成 |
| | | 图示 |  |
| | 5 | 说明 | 插入趋近点 2 |
| | | 图示 |  |

| 操作 | 步骤 | | 说　明 |
|---|---|---|---|
| 插入过渡点 | 6 | 说明 | 插入离开点 2 |
| | | 图示 | 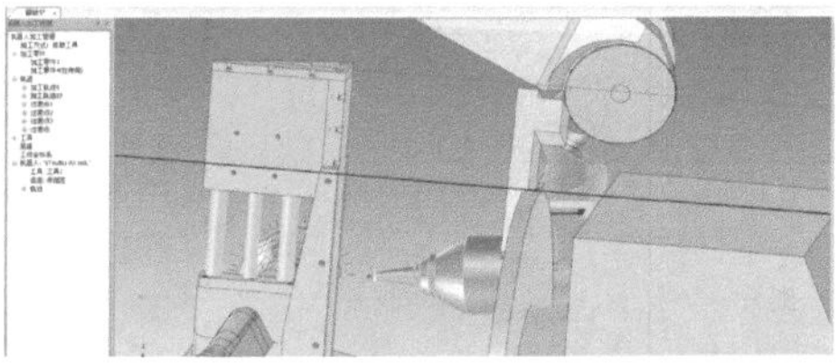 |
| | 7 | 说明 | 插入 Home 点，Home 点是机器人工作前和工作结束后停留的位置，POS 点的命名根据我们自己确定 |
| | | 图示 | 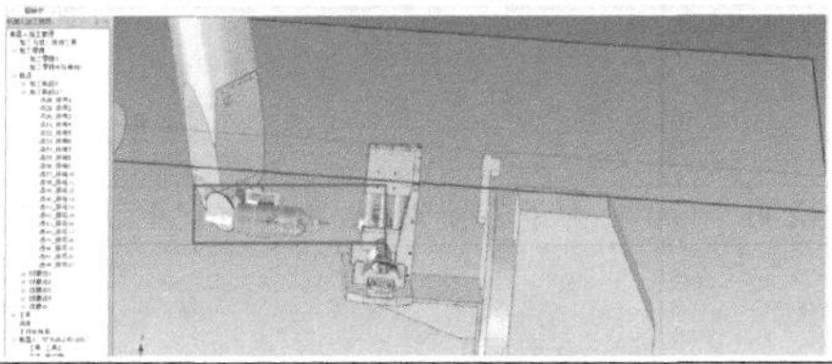 |
| | 8 | 说明 | 插入所有点 |
| | | 图示 |  |
| | 说明 | 1 | 机器人在工作时，两点之间走直线，插入 POS 点可以预防机器人及工具碰到零件，对工具有损害 |
| | | 2 | 激光切割的工作原理为先在切割工件上穿孔，孔打穿之后再进行正常轨迹的切割，如果穿孔位置直接在切割轨迹上的话，会影响切割断面的质量 |
| | | 图示 | 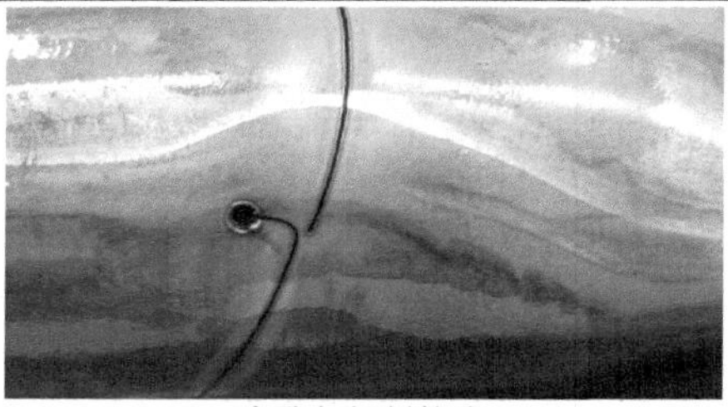 穿孔与切割轨迹 |
| | | 3 | POS 点插入后，会在最后面生成一条轨迹。注意机器人运动的顺序是从第一条轨迹开始最后一条轨迹结束。即按照加工轨迹 5→加工轨迹 27→趋近点 1→离开点 1→过渡点 1→趋近点 2→离开点 2→Home 的顺序进行的 |
| | | 图示 | 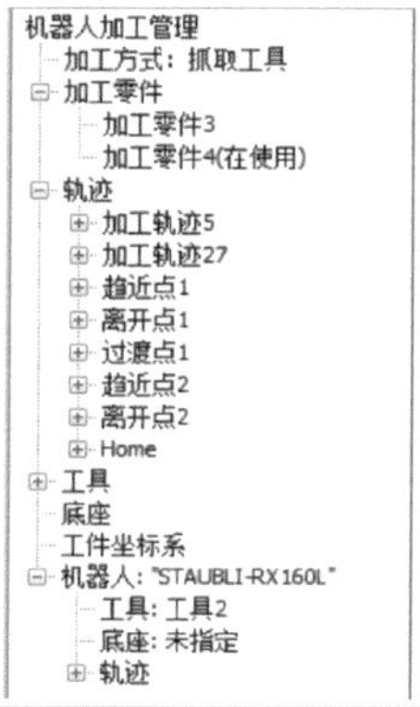 |

续表

| 操作 | 步骤 | | 说　　明 |
|---|---|---|---|
| 插入过渡点 | 说明 | 4 | 轨迹右单击后有一个上下移动的命令，可以进行自行设计。轨迹运行顺序如图所示 |
| | | 图示 | 上下移动命令 |
| | | 5 | 调整顺序如图所示。这样我们完整的轨迹就生成完了 |
| | | 图示 | 轨迹顺序 |

## 6.1.3　仿真

通过图 6-1 的按钮进行仿真观察机器人运动状况。如果运动异常继续进行轨迹调整。

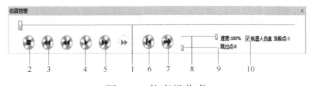

图 6-1　仿真操作条

## 6.1.4　后置

仿真确认没有问题的话就要生成机器人代码，如图 6-2 所示。后置的时候需要指定路径信息如图 6-3 所示。在每一行轨迹右键单击选择轨迹类型如图 6-4 所示。单击"机器人文件",其余默认就可以了。单击"生成文件"后选择目录就可以了,如图 6-5 所示。

图 6-2  后置处理

图 6-3  指定路径信息

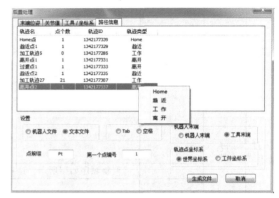

图 6-4  轨迹类型的选择

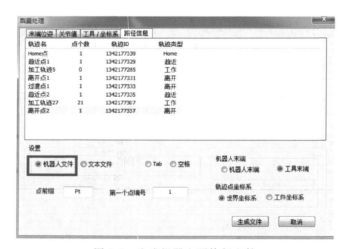

图 6-5  生成机器人可执行文件

用后置代码让机器人进行实际作业,完整的离线编程就结束了。后置完成时记住保存工程文件。有时因为现实误差,轨迹有问题还需要微调。

## 6.2  去毛刺

### 6.2.1  环境搭建

环境搭建如表 6-3 所示。

## 表 6-3  去毛刺环境搭建

| 操作 | 步骤 | | 说　明 |
|---|---|---|---|
| 选择机器人 | 1 | 说明 | 按"选择机器人"按钮，首先选择现实中需要设计的轨迹的机器人。本次选择"ABB-IRB1410" |
| | | 图示 |  |
| | 2 | 说明 | 选择完成 |
| | | 图示 |  |
| 选择工具 | 1 | 说明 | 选择现实中需要进行作业的工具，选择后机器人与零件会自动装配。去毛刺使用工具为"ATI径向浮动打磨头.ics" |
| | | 图示 |  |
| | 2 | 说明 | 选择完成 |
| | | 图示 | 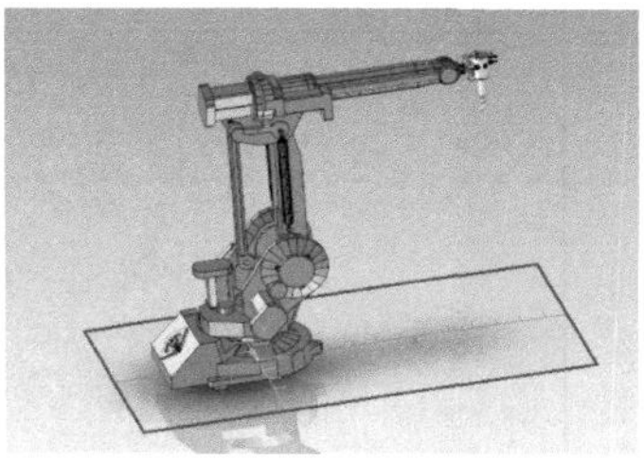 |
| | 3 | 说明 | 选择现实中所需要加工处理的零件。本次我们选择"气缸.ics" |
| | | 图示 |  |
| | 4 | 说明 | 选择完成 |
| | | 图示 | 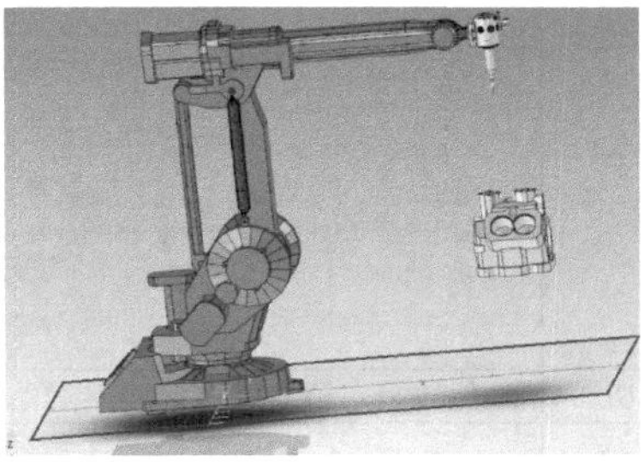 |
| 校准TCP | 1 | 说明 | 工作的第一步首先是校准TCP，不同机器人的校准方法不完全一样，具体可参考机器人配套的使用手册。选择左侧的工具，右击选择TCP设置，填写测量后的TCP |
| | | 图示 | 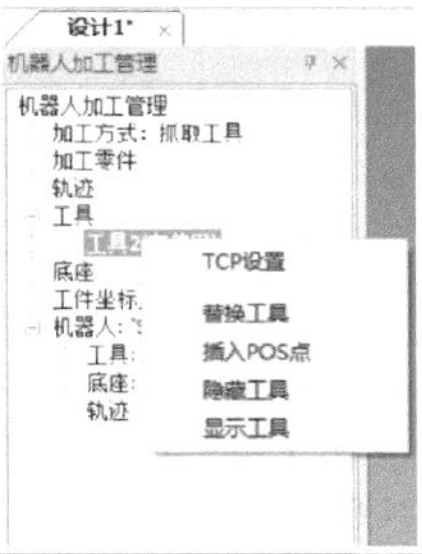 |

续表

| 操作 | 步骤 | | 说　明 |
|---|---|---|---|
| 校准 TCP | 2 | 说明 | 修正 |
| | | 图示 | 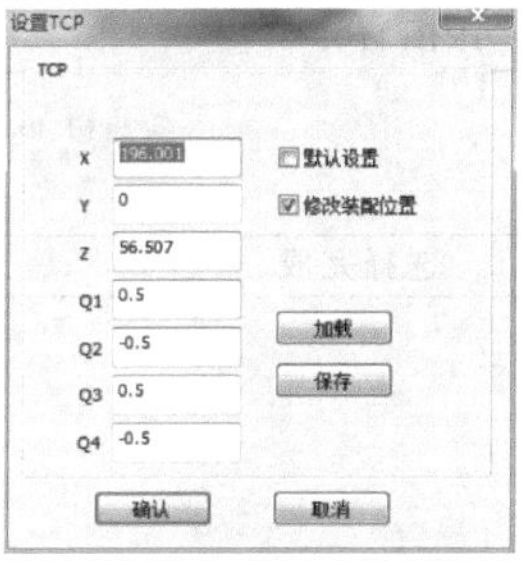 (设置TCP对话框图示：X 106.001, Y 0, Z 56.507, Q1 0.5, Q2 -0.5, Q3 0.5, Q4 -0.5，默认设置、修改装配位置、加载、保存、确认、取消) |
| 校准零件 | | 说明 | 现实中零件和机器人是有一个相对位置的。我们要保证软件中的位置与现实中的位置一致，这样设计的轨迹才有意义，才能确保设计的正确性。如果现实中机器人与零件的摆放位置已经固定。需要进行零件校准<br>本次工件与机器人位置已经是现实中的相对位置，所以本步骤可以忽略 |
| | 1 选择 | 说明 | 选择图标"工件校准" |
| | | 图示 |  (工具栏图示) |
| | 2 制定模型上三个点 | 1 说明 | 先指定第一个点 |
| | | 1 图示 | 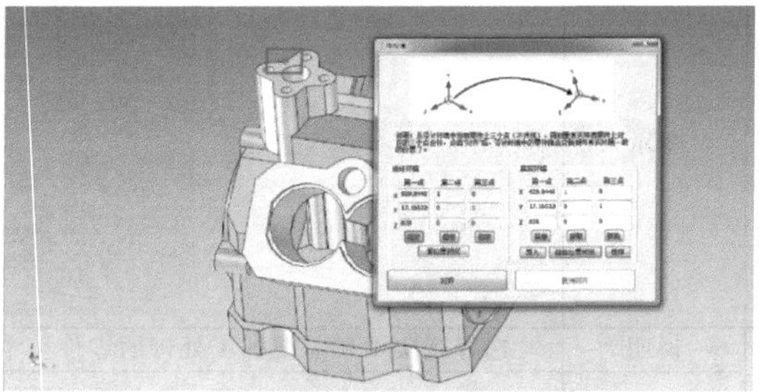 (指定第一个点的图示) |
| | | 2 说明 | 然后指定第 2 个点 |
| | | 2 图示 | 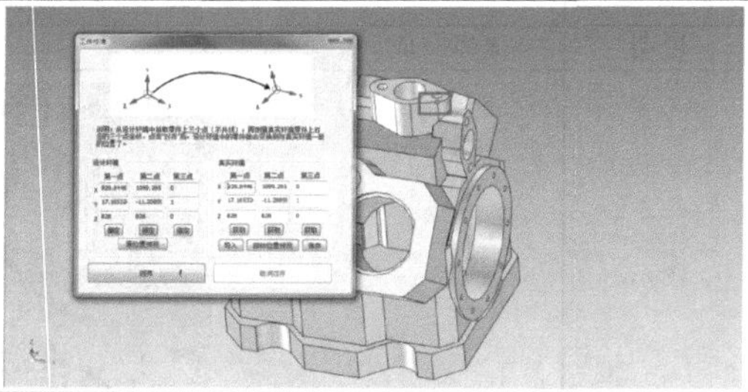 (指定第二个点的图示) |
| | | 3 说明 | 然后指定第 3 个点 |
| | | 3 图示 | 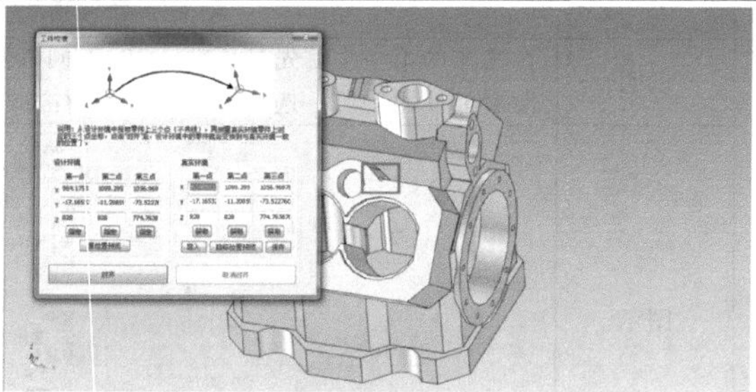 (指定第三个点的图示) |
| | | 4 说明 | 现实中测量上面指定的这三个点。输入完毕后，依次单击"源位置预览""目标位置预览""对齐"。这样现实环境与软件环境就一致了 |

续表

| 操作 | 步骤 | | 说　　明 |
|---|---|---|---|
| 校准零件 | 2 制定模型上三个点 | 4 图示 | （工件校准对话框图示） |
| 保存工程 | 说明 | | 输入名字，保存为"去毛刺.robx"。这样后续修改直接打开就可以了 |
|  | 图示 | | （软件工具栏图示） |

## 6.2.2 轨迹设计

气缸零件模型分为上、左、右、下、前、后 6 个面。我们需要分成两部分加工，生成两个 robx 文件，第一部分包括上、左、右、前、后，第二部分包括下，如图 6-6 所示。轨迹设计如表 6-4 所示。

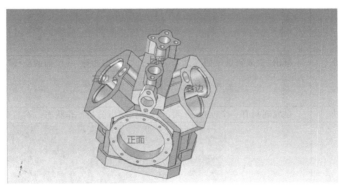

图 6-6　气缸零件模型

**表 6-4　气缸零件轨迹设计**

| 操作 | 步骤 | | 说　　明 |
|---|---|---|---|
| 轨迹生成 | 内环轨迹 | 说明 | 气缸的轨迹主要分为：内环轨迹、外环轨迹、单边轨迹、打孔轨迹。以下详细介绍内环、外环、单边、打孔的轨迹生成步骤 |
|  |  | 1 说明 | 单击生成轨迹按钮，选择生成方式，本次选择"一个面的一个环"。然后在零件上选择一条边。有时生成的方向不是我们想要的方向，再单击一次，自动调转180°，左边会发现有两个框，分别是线、面。红色代表当前是工作状态。然后分别选择线、面 |
|  |  | 图示 | （软件工具栏图示） |
|  |  | 2 说明 | 先单击左边的线，线变红后选择要去毛刺面的一条线（箭头方向不正确的话再单击一次） |

续表

| 操作 | 步骤 | | 说　　明 |
|---|---|---|---|
| 轨迹生成 | 内环轨迹 | 2 图示 | 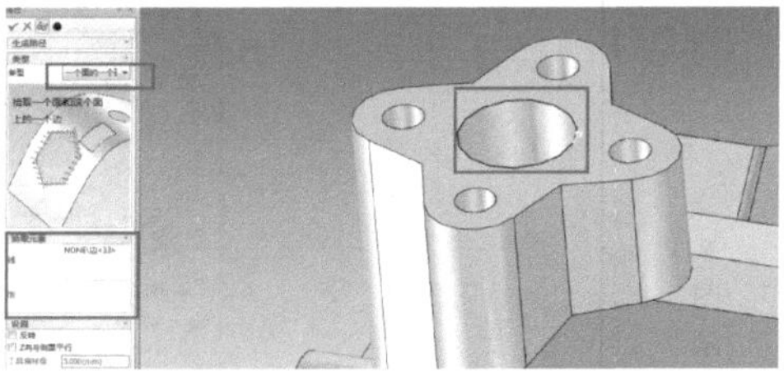 |
| | | 说明 | 单击一下面。面变红后选择零件的一个面 |
| | | 3 图示 | |
| | | 说明 | 单击对号。轨迹就会生成,重新命名为"上面_四星内环"(命名规则:方向_样子＋内环/外环) |
| | | 4 图示 | 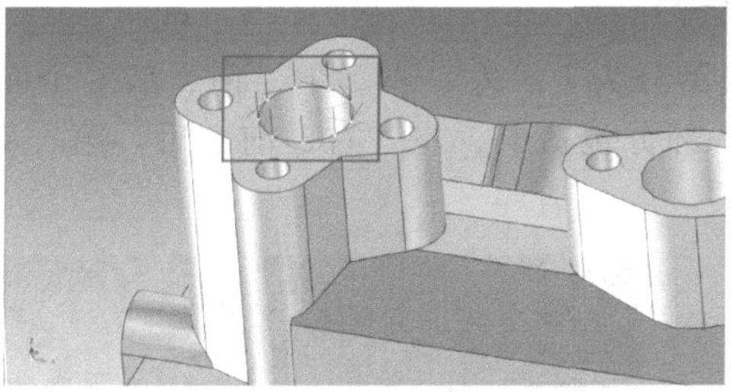 |
| | 外环轨迹 | | 说明 | 单击"生成轨迹按钮",选择生成方式,本次选择"一个面的外环" |
| | | 1 图示 | |
| | | 说明 | 会发现只有一个框:面元素。红色代表当前是工作状态。然后要生成外环轨迹的面 |
| | | 2 图示 | |
| | | 说明 | 单击对号。轨迹就会生成 |
| | | 3 图示 | |

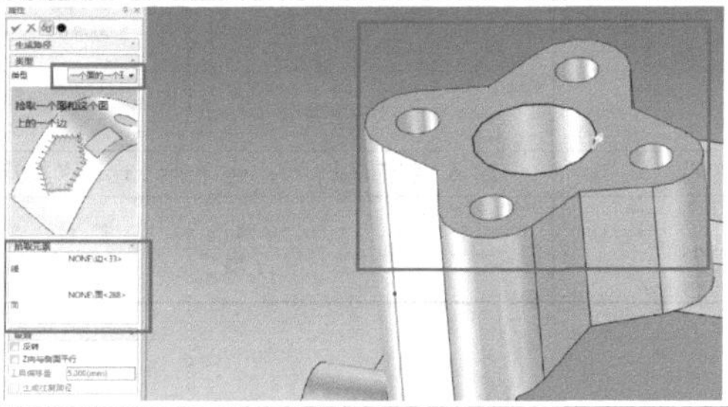

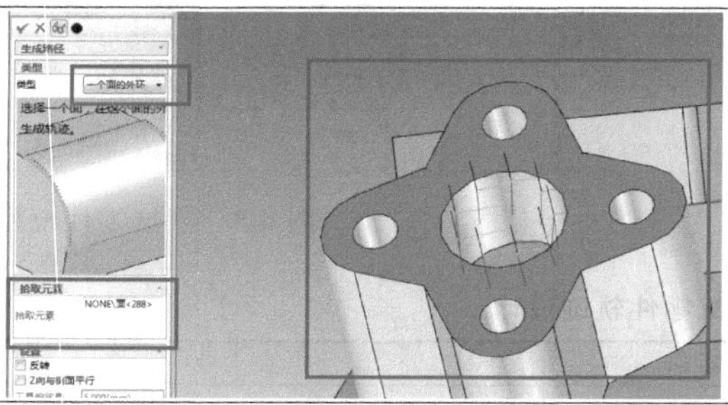

续表

| 操作 | 步骤 | | 说　　明 |
|---|---|---|---|
| 单条边 | 1 | 说明 | 单击"生成轨迹"按钮，选择生成方式，本次选择"单条边"。然后在零件上选择一条边。左边会发现有两个框，分别是线、面。红色代表当前是工作状态。然后分别选择线、面 |
| | | 说明 | 单击左边的线，线变红后选择要去毛刺的一条线 |
| | | 图示 | 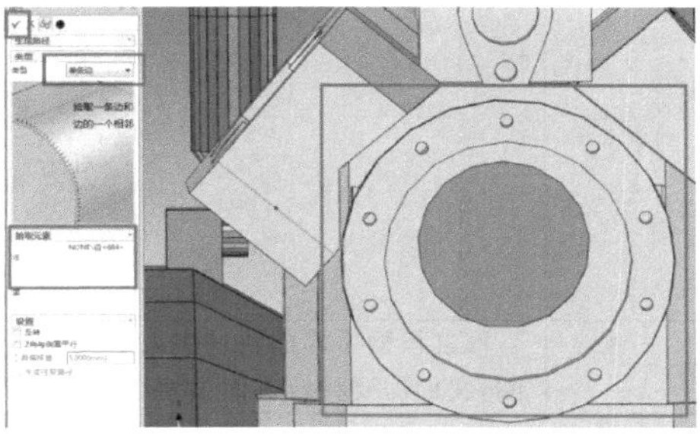 |
| | 2 | 说明 | 选择一个法向面 |
| | | 图示 | 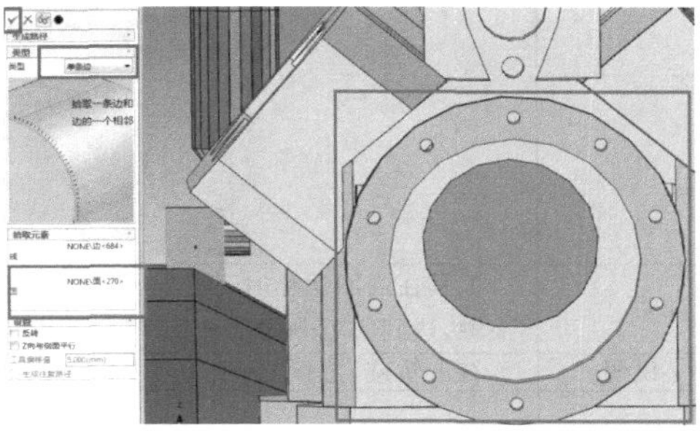 |
| | 3 | 说明 | 单击对号。轨迹就会生成 |
| | | 图示 | 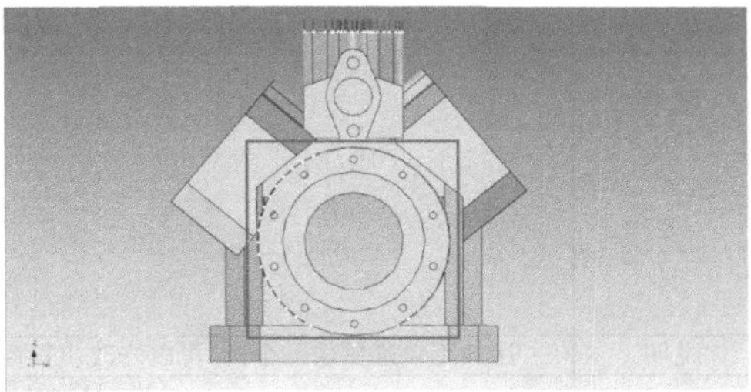 |
| 打孔 | 1 | 说明 | 单击"生成轨迹"按钮，选择生成方式，本次选择"打孔" |
| | | 图示 |  |
| | 2 | 说明 | 会发现有一个框：孔边选择框。红色代表当前是工作状态。选择要打的孔 |
| | | 图示 | 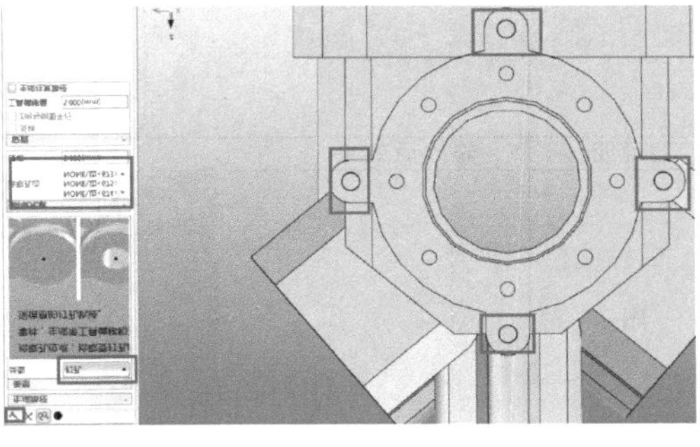 |

续表

| 操作 | 步骤 | | | 说 明 |
|---|---|---|---|---|
| 打孔 | 3 | 说明 | | 单击对号。轨迹就会生成 |
| | | 图示 | | 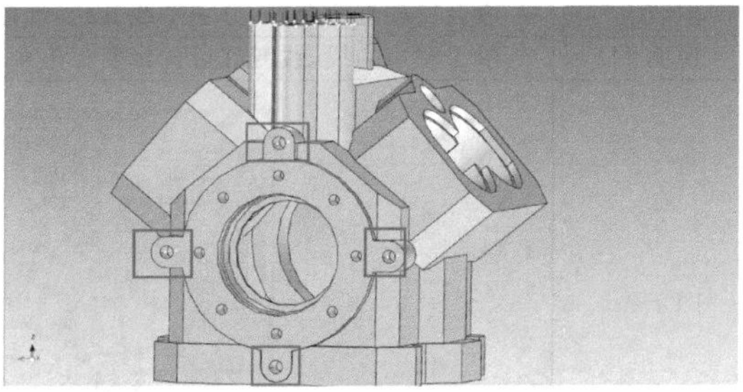 |
| 轨迹调整 | 内圈轨迹调整 | 说明 | | 气缸模型生成的轨迹主要分为：内圈类型、外圈类型。轨迹统一向下移动10mm，对内圈，我们需要将轨迹向里缩3mm，对外圈我们需要向外扩3mm |
| | | 图示 | | 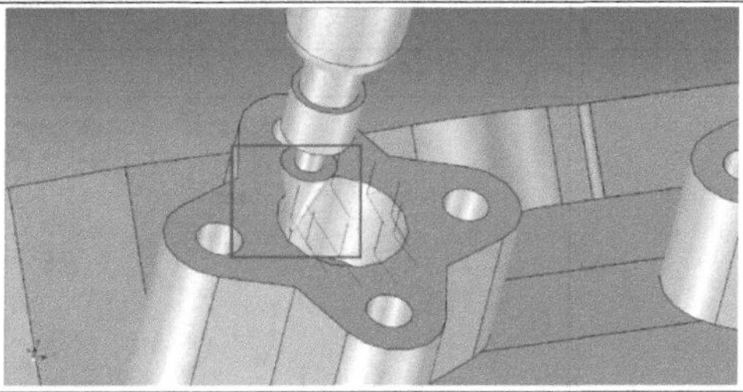 |
| | | 说明 | | 工具在内圈运作时，为防止工具头碰到实体，将轨迹向内缩一圈，保证工具的锉边与内圈接触，达到去毛刺的功能 |
| | | 1 | 说明 | 右击轨迹，选择"选项" |
| | | | 图示 | 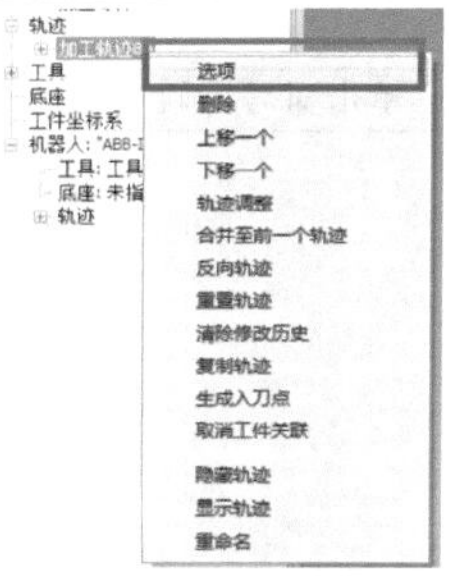 |
| | | 2 | 说明 | 让加工轨迹更像一个圆，可以修改步长为3mm。沿着Y轴移动3mm，沿着Z轴移动－10mm |
| | | | 图示 |  |
| | | 3 | 说明 | 修改后效果 |
| | | | 图示 |  |

续表

| 操作 | 步骤 | | | 说　明 |
|---|---|---|---|---|
| 轨迹调整 | 外圈轨迹偏移 | | 说明 | 工具在外圈运作时,为防止工具头碰到实体,将轨迹向外扩一圈,保证工具的锉边与外圈接触,达到去毛刺的功能 |
| | | 1 | 说明 | 右击轨迹,选择"选项" |
| | | | 图示 | |
| | | 2 | 说明 | 让加工轨迹更像一个圆,可以修改步长为3mm。沿着Y轴移动－3mm,沿着Z轴移动－10mm |
| | | | 图示 | |
| | | 3 | 说明 | 修改后效果 |
| | | | 图示 | |
| | 轨迹点姿态调整 | | 说明 | 轨迹生成后会发现有一些绿点、黄点或者红点。绿点代表正常的点,黄点代表机器人的关节限位,红点代表不可到达。本次我们的轨迹有一些黄色点 |
| | | 1 | 说明 | 轨迹单击右键,选择"清除修改历史"。会把上面在"选项"对话框中修改的值清除了,保持当前轨迹点的姿态不动 |
| | | | 图示 | |
| | | 2 | 说明 | 然后再次右击"选项",进入选择对话框选择"轨迹调整"。接着移动鼠标可以获得如下信息。Pt 代表轨迹点序号,angle 代表角度。也可以在紫色线上单击右键,选择增加点,方便调整轨迹<br>对于气缸去毛刺来说,最好保证轨迹的坐标指向都一样,这样生成的结果,机器人位姿最流畅 |

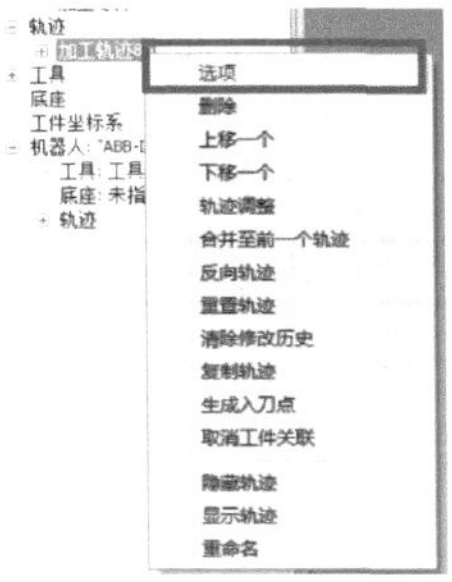

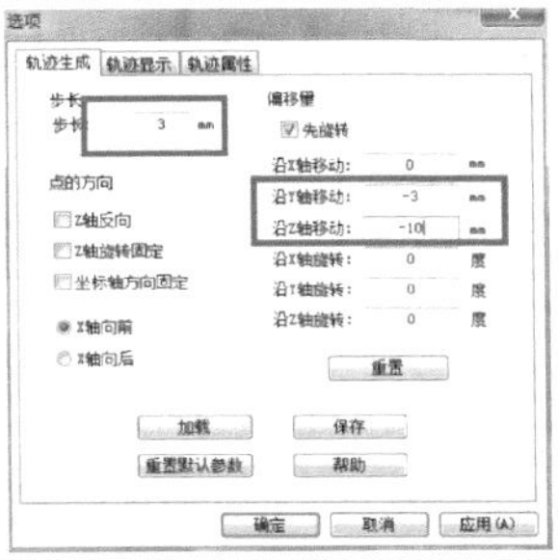

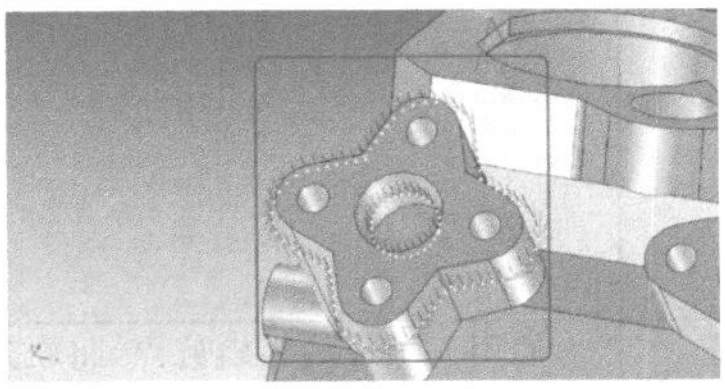

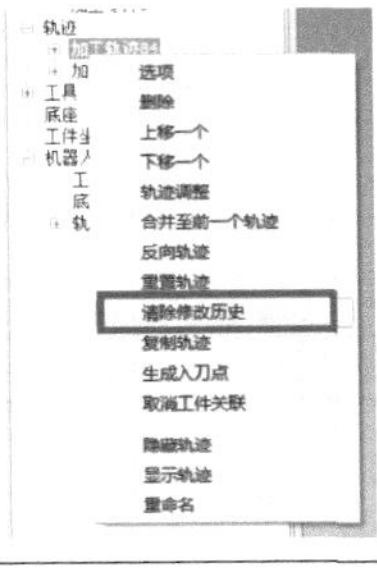

| 操作 | 步骤 | | 说　明 |
|---|---|---|---|
| 轨迹点姿态调整 | 轨迹点姿态调整 | 2 图示 | 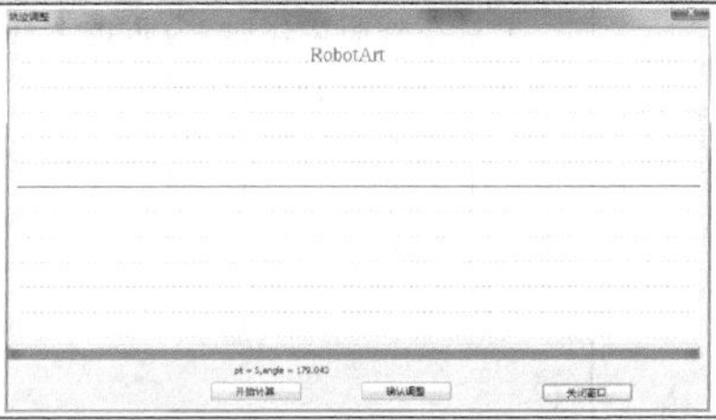 |
| | | 说明 | 正圆形的轨迹：拖动两侧绿色圆点，再单击"确认调整"，直到紫色线与黄色区域没有交点 |
| | 3 | 图示 | |
| | | 说明 | 正圆形的轨迹调整后会发现所有的点都变成了绿色 |
| | | 图示 |  |
| | | 说明 | 不规则的轨迹：依次选择具体轨迹序号，右击选择"编辑点" |
| | 4 | 图示 | |
| | | 说明 | 使用三维球旋转轨迹点，将轨迹点坐标系 $X$ 轴与工具的 $X$ 轴同向 |
| | 5 | 图示 | |
| | | 说明 | 使用三维球旋转进行轨迹点调整后所有的点都变成了绿色 |
| | | 图示 | 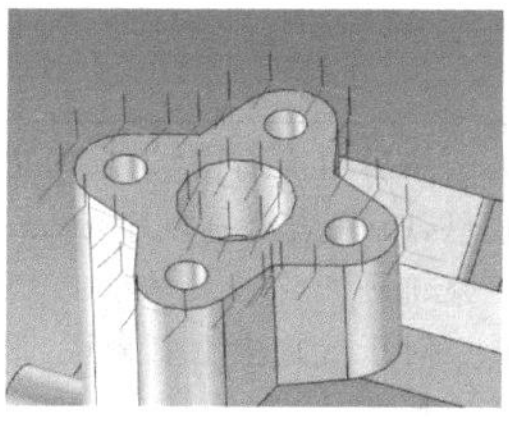 |

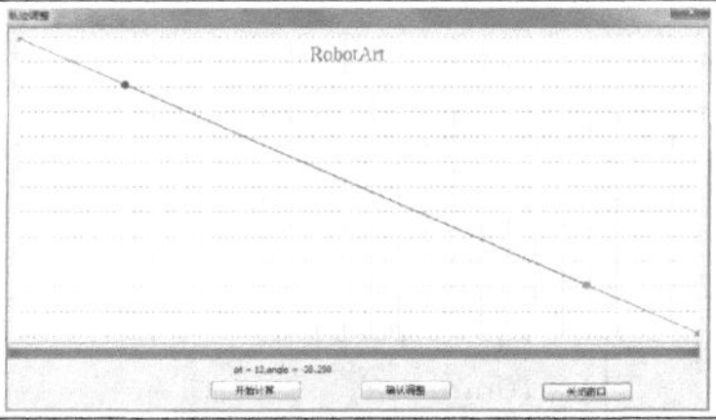

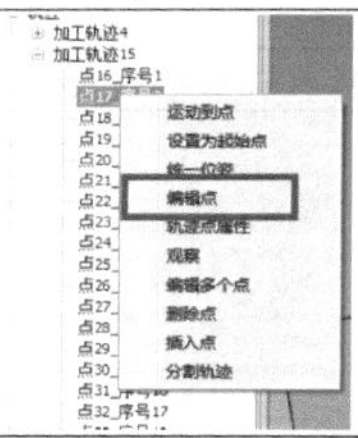

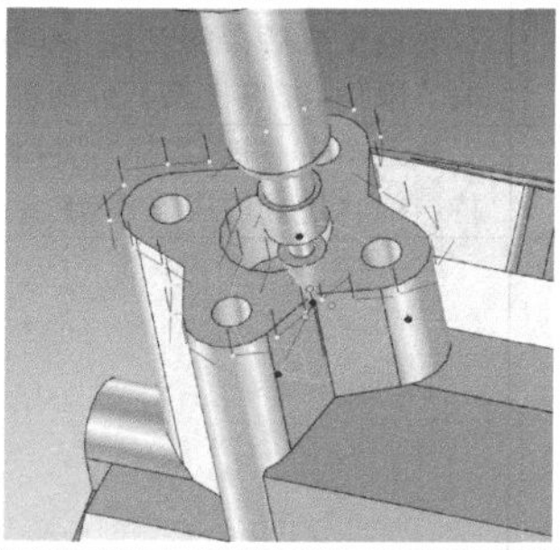

续表

| 操作 | | 步骤 | | 说　　明 |
|---|---|---|---|---|
| 轨迹调整 | 插入过渡点 | 1 | 说明 | 生成多组轨迹后,会发现这两条轨迹没有联系。每一条轨迹都是单独的工作路径。这就需要我们加入一些过渡点<br>技巧:POS点一般距离轨迹端点不远,我们可以先让机器人运动到端点,再调节会轻松很多<br>方法:右侧轨迹树右单击,然后选择"运动到点" |
| | | | 图示 | 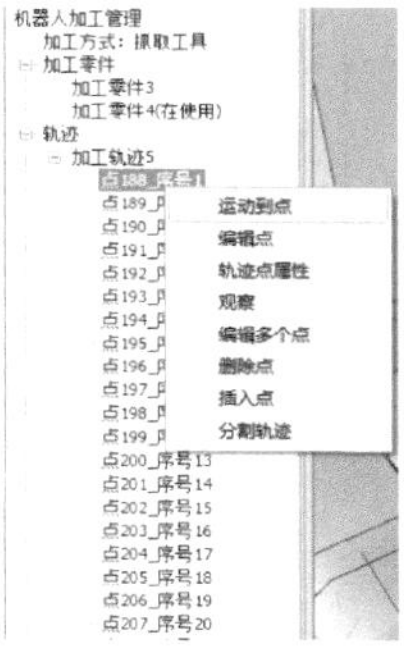 |
| | | 2 | 说明 | 工具就在端点的位置了 |
| | | | 图示 | 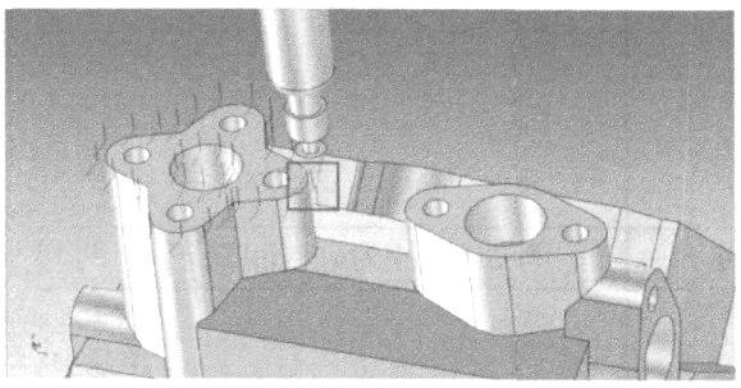 |
| | | | 说明 | 单击"工具",按"F10" |
| | | | 图示 | 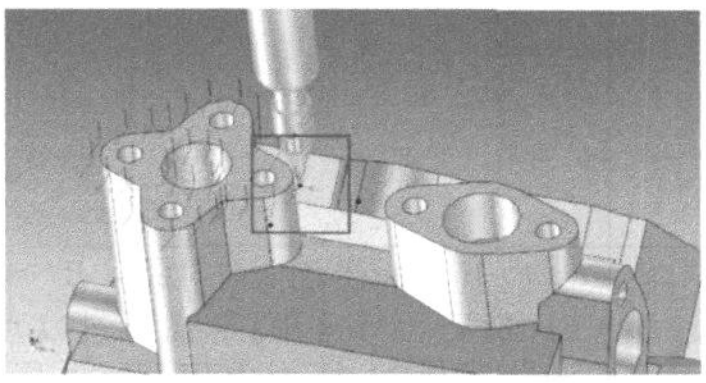 |
| | | 3 | 说明 | 拖动三维球,将 TCP 移动到要插入 POS 点的位置 |
| | | | 图示 | 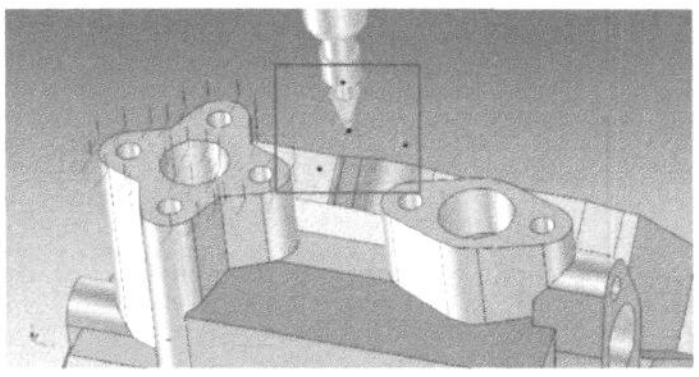 |
| | | 4 | 说明 | 右键单击"工具",插入 POS 点。同样的方法就可以插入多个 POS 点了 |
| | | | 图示 | 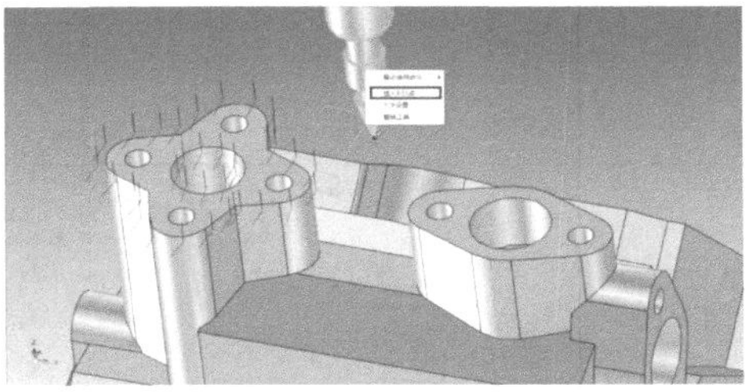 |

续表

| 操作 | 步骤 | | 说　　明 |
|---|---|---|---|
| 轨迹调整 | 插入过渡点 | 5 | 说明 | 插入POS点后会发现多了一条轨迹 |
| | | | 图示 | 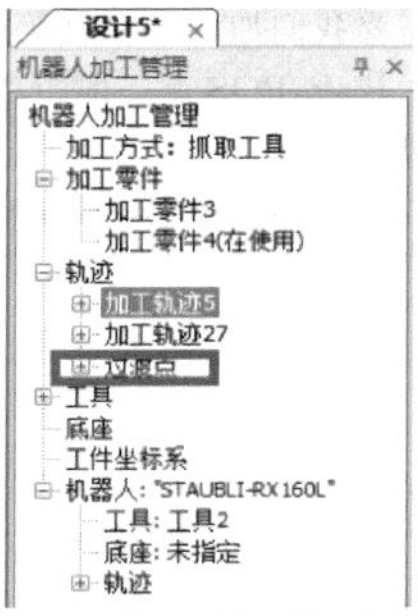 |
| | | 6 | 说明 | 为了方便管理,我们将它重新命名为:方向＋转＋方向_过渡点 |
| | | | 图示 | 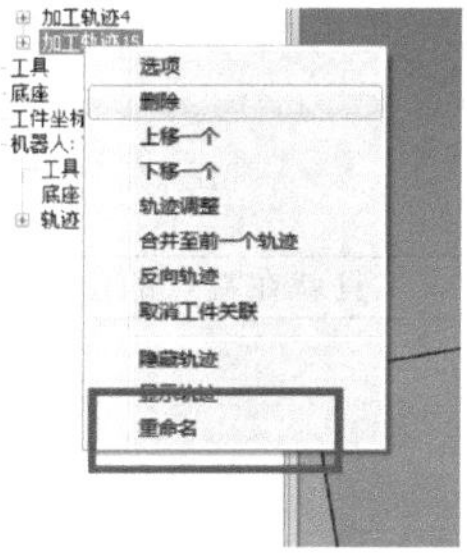 |
| | | | 说明 | 例如命名为:上四星转上两星_过渡点 |
| | | | 图示 | 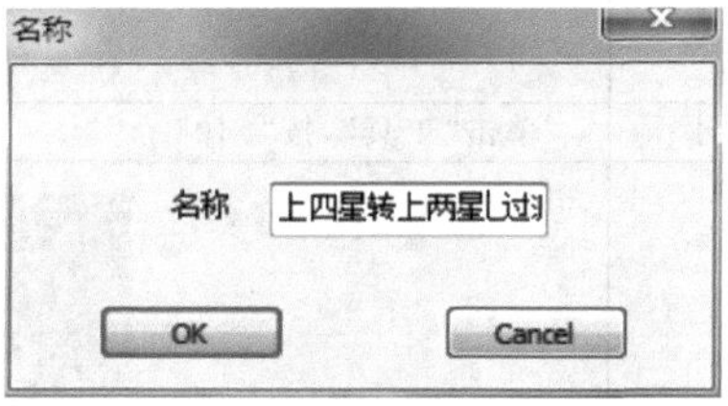 |
| | | 7 | 说明 | 如上方法添加多个POS点。每次插入POS点,默认都是在轨迹组最后一组,这样仿真时,最后运行这里,与插入过渡点的初衷不符,修改过渡点在轨迹中的位置,通过右击"轨迹",选择"上移一个"或者"下移一个" |
| | | | 第一部分结果图 | 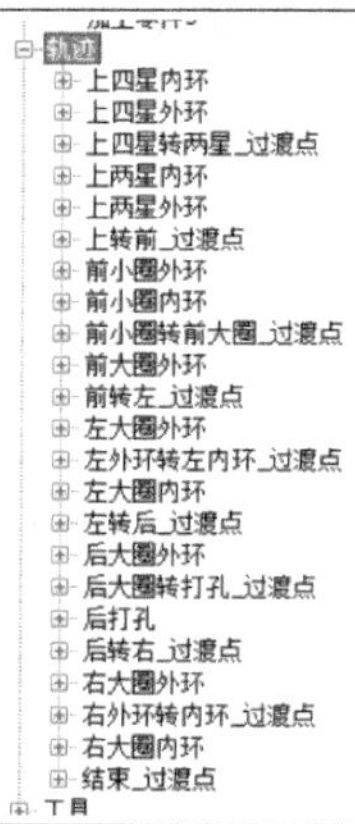 |
| | | | 第二部分结果图 | 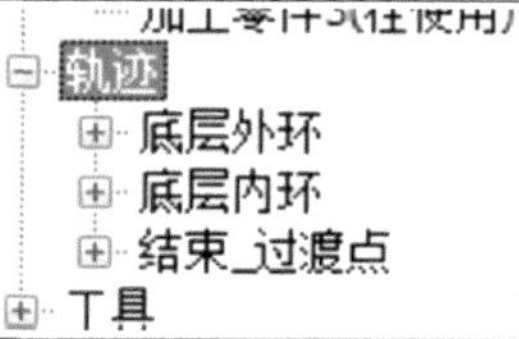 |

## 6.2.3 仿真

通过图 6-7 所示的按钮进行仿真观察机器人运动状况。如果运动异常继续进行轨迹调整。

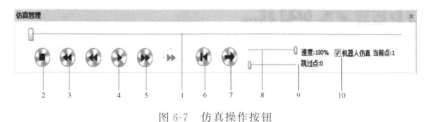

图 6-7 仿真操作按钮

## 6.2.4 后置

仿真确认没有问题的话就要生成机器人代码。如图 6-8 所示。

图 6-8 后置代码

单击"机器人文件",其余默认就可以了。单击"生成文件"后选择目录就可以了,如图 6-9 所示。

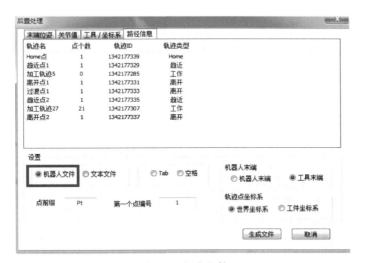

图 6-9 生成文件

用后置代码让机器人进行实际作业。后置完成时记住保存工程文件。有时因为现实误差,轨迹有问题还需要微调。

# 附录
# 工业机器人词汇

## A

adaptive control 适应控制
adaptive robot 适应机器人
additional load 附加负载
additional mass 附加质量
alignment pose 校准位姿
anthropomorphic robot 拟人机器人
arm 手臂
articulated robot 关节机器人
articulated structure 关节结构
attained pose 实到位姿
automatic end effector exchanger 末端执行器自动更换装置
automatic mode 自动方式
automatic operation 自动操作
axis 轴

## B

base 机座
base coordinate system 机座坐标系
base mounting surface 机座安装面

## C

cartesian robot 直角坐标机器人
command pose 指令位姿
commissioning 试运行
compliance 柔顺性
configuration 构形
continuous path control 连续路径控制
control program 控制程序
control system 控制系统
coordinate transformation 坐标变换
cycle 循环
cycle time 循环时间
cylindrical joint 圆柱关节

cylindrical robot　圆柱坐标机器人

## D

degree of freedom　自由度
distance accuracy　距离准确度
distance repeatability　距离重复性
distributed joint　分布关节
DOF　自由度
drift of pose accuracy　位姿准确度漂移
drift of pose repeatability　位姿重复性漂移

## E

end effector　末端执行器
end effector coupling device　末端执行器连接装置

## F

fixed sequence manipulator　固定顺序操作机
forward kinematics　运动学正解
fly-by point　路径点

## G

goal directed programming　目标编程
gripper　夹持器

## I

individual axis acceleration　单轴加速度
individual joint acceleration　单关节加速度
individual axis velocity　单轴速度
individual joint velocity　单关节速度
inverse kinematics　运动学逆解
installation　装置

## J

joint coordinate system　关节坐标系
joystick　操作杆

## L

learning control　学习控制
limiting load　极限负载
load　负载
link　杆件

## M

machine actuator 机器驱动器
(manipulating) industrial robot （操作型）工业机器人
manipulator 操作机
manual date input programming 人工数据输入编程
manual mode 手动方式
maximum moment 最大力矩
maximum space 最大空间
maximum thrust 最大推力
maximum torque 最大转矩
mechanical interface 机械接口
mechanical interface coordinate system 机械接口坐标系
minimum posing time 最小定位姿时间
mobile robot 移动机器人
motion planning 运动规划
multidirectional pose accuracy variation 多方向位姿准度变动
multipurpose 多用途

## N

norm al operating conditions 正常操作条件
normal operating state 正常操作状态

## O

off-line programmable robot 离线编程机器人
off-line programming 离线编程
operating mode 操作方式
operational space 操作空间
operator 操作员

## P

parallel robot 并联机器人
path 路径
path acceleration 路径加速度
path accuracy 路径准确度
path repeatability 路径重复性
path velocity 路径速度
path velocity accuracy 路径速度准确度
path velocity fluctuation 路径速度波动
path velocity repeatability 路径速度重复性
pendant 示教盒
pendular robot 摆动机器人
physical alteration 物理变更

playback robot   示教再现机器人
polar robot   极坐标机器人
pose   位姿
pose accuracy   位姿准确度
pose overshoot   位姿超调
pose repeatability   位姿重复性
pose stabilization time   位姿稳定时间
pose-to-pose control   点位控制
primary axes   主关节轴
prismatic joint   棱柱关节
programmed pose   编程位姿
programmer   编程员
programming   编程

## R

rated load   额定负载
rectangular robot   直角坐标机器人
reprogrammable   可重复编程
resolution   分辨率
restricted space   限定空间
revolute joint   旋转关节
robot   机器人
robot system   机器人系统
robotics   机器人学
rotary joint   回转关节

## S

SCARA robot   SCARA 机器人
secondary axes   副关节轴
sensory control   传感控制
sequenced robot   顺序控制机器人
servo control   伺服控制
sliding joint   滑动关节
spherical joint   球关节
spheical robot   球坐标机器人
spine robot   脊柱式机器人
standard cycle   标准循环
static compliance   静态柔顺性
stop-point   停止点

## T

task program   任务程序
task programming   任务编程

TCP   工具中心点
TCS   工具坐标系
teach pendant   示教盒
teach programming   示教编程
tool centre point   工具中心点
tool coordinate system   工具坐标系
trajectory   轨迹
trajectory operated robot   轨迹控制机器人

## U

unidirectional pose accuracy   单方向位姿准确度
unidirectional pose repeatability   单方向位姿重复性

## W

working space   工作空间
world coordinate system   绝对坐标系
wrist reference point   手腕参考点
wrist   手腕

# 参 考 文 献

[1]   张培艳主编. 工业机器人操作与应用实践教程. 上海：上海交通大学出版社，2009.
[2]   邵慧，吴凤丽主编. 焊接机器人案例教程. 北京：化学工业出版社，2015.
[3]   韩建海主编. 工业机器人. 武汉：华中科技大学出版社，2009.
[4]   董春利编著. 机器人应用技术. 北京：机械工业出版社，2015.
[5]   于玲，王建明主编. 机器人概论及实训. 北京：化学工业出版社，2013.
[6]   余任冲编著. 工业机器人应用案例入门. 北京：电子工业出版社，2015.
[7]   杜志忠，刘伟编. 点焊机器人系统及编程应用. 北京：机械工业出版社，2015.
[8]   叶晖，管小清编著. 工业机器人实操与应用技巧. 北京：机械工业出版社，2011.
[9]   肖南峰，等编著. 工业机器人. 北京：机械工业出版社，2011.
[10]  郭洪江编. 工业机器人运用技术. 北京：科学出版社，2008.
[11]  马履中，周建忠主编著. 机器人柔性制造系统. 北京：化学工业出版社，2007.
[12]  闻邦椿主编. 机械设计手册（单行本）——工业机器人与数控技术. 北京：机械工业出版社，2015.
[13]  魏巍主编. 机器人技术入门. 北京：化学工业出版社，2014.
[14]  张玫，等编. 机器人技术. 北京：机械工业出版社，2015.
[15]  王保军，滕少峰主编. 工业机器人基础. 武汉：华中科技大学出版社，2015.
[16]  孙汉卿，吴海波编著. 多关节机器人原理与维修. 北京：国防工业出版社，2013.
[17]  张宪民，等编著. 工业机器人应用基础. 北京：机械工业出版社，2015.
[18]  李荣雪主编. 焊接机器人编程与操作. 北京：机械工业出版社，2013.
[19]  郭彤颖，安冬主编. 机器人系统设计及应用. 北京：化学工业出版社，2016.
[20]  谢存禧，张铁主编. 机器人技术及及其应用. 北京：机械工业出版社，2015.
[21]  芮延年主编. 机械人技术及其应用. 北京：化学工业出版社，2008.
[22]  张涛主编. 机器人引论. 北京：机械工业出版社，2012.
[23]  李云江主编. 机器人概论. 北京：机械工业出版社，2011.
[24]  布鲁诺·西西利亚诺，欧沙玛·哈提卜. 机器人手册. 《机器人手册》翻译委员会，译. 北京：机械工业出版社，2013.
[25]  兰虎主编. 工业机器人技术及应用. 北京：机械工业出版社，2014.
[26]  蔡自兴编著. 机械人学基础. 北京：机械工业出版社，2009.
[27]  王景川，陈卫东，古平晃洋编著. PSoC3控制器与机器人设计. 北京：化学工业出版社，2013.
[28]  兰虎主编. 焊接机器人编程及应用. 北京：机械工业出版社，2013.
[29]  胡伟主编. 工业机器人行业应用实训教程. 北京：机械工业出版社，2015.
[30]  杨晓钧，李兵编著. 工业机器人技术. 哈尔滨：哈尔滨工业大学出版社，2015.
[31]  叶晖主编. 工业机器人典型应用案例精析. 北京：机械工业出版社，2015.
[32]  叶晖，等编著. 工业机器人工程应用虚拟仿真教程. 北京：机械工业出版社，2016.
[33]  汪励，陈小艳主编. 工业机器人工作站系统集成. 北京：机械工业出版社，2014.
[34]  蒋庆斌，陈小艳主编. 工业机器人现场编程. 北京：机械工业出版社，2014.
[35]  John J. Craig著. 机器人学导论. 贠超等译. 北京：机械工业出版社，2006.
[36]  刘伟，等编. 焊接机器人离线编程及传真系统应用. 北京：机械工业出版社，2014.
[37]  肖明耀，程莉编著. 工业机器人程序控制技能实训. 北京：中国电力出版社，2010.
[38]  陈以农主编. 计算机科学导论基于机器人的实践方法. 北京：机械工业出版社，2013.
[39]  李荣雪主编. 弧焊机器人操作与编程. 北京：机械工业出版社，2015.